# 我们身边的小鸟朋友

## 手绘观鸟笔记

丫丫鱼 著 / 绘

人民邮电出版社
北 京

# 前言

外面的世界无限精彩，我们都想要出去看一看。

稀里糊涂地观鸟已经有 10 年了，中途停停歇歇佛系观鸟，结果我总共只看到了 300 多种鸟。我能出远门观鸟的机会不多，也没有大把的时间出去找鸟，大多是在家门口的公园遛遛弯，看看鸟。毕竟身处城市，我们身边最常见的野生动物之一就是鸟类，它们的存在让我的世界更完整、更丰富多彩。

除了观鸟，我也拍鸟、画鸟，目的是记录和展现真实的自然。用拍照和画画的方式记录自然，我乐在其中。

很多人觉得我是“鸟类专家”，他们会说“我就认识麻雀”。我心想：“那不可能！”喜鹊、乌鸦、大雁、老鹰见过吧？鸡、鸭、鹅也吃过吧？（虽然它们是家禽，不算严格意义上的鸟类。）很多朋友拍到鸟后会让我辨认，遇到受伤的小鸟或者捡到了小鸟也会向我寻求帮助。其实，我哪里懂那么多，自己掌握的有关鸟类的知识，都是在当“专家”的过程中向真正的专家们学习、向大自然学习得来的。

遇到的这类事情多了，我就想写一本书，一方面跟大家分享一下我的观鸟心得，另一方面也跟大家分享一些我所了解到的野生动物知识和每天我身边正在发生着的事情。

近 3 年我们难以走出家门尽情观鸟。今年我终于见到了我的梦中情鸟——勺嘴鹬。它们在俄罗斯东部繁殖，历尽千辛万苦飞到中国南海的滩涂。我见到它们的时候，两只小鸟一直在埋头找吃的或吃东西。它们看起来平凡而普通，但我觉得它们非常了不起。它们每年飞 8000 多千米来回迁徙，活下来不仅需要充足的食物，还需要躲避无数自然灾害、天敌和人类的陷阱，这是多么的艰难！

过去的几十年里，勺嘴鹬迁徙的中停地——黄海地区的滩涂湿地面积因为人类活动减少了约

65%，像勺嘴鹬一样陷入生存困境的野生动物还有很多很多。随着栖息地被破坏，它们除了灭绝，没有其他路可走。

还有北京天坛的长耳鸮、奥林匹克森林公园（简称奥森）的大麻鳽、水南村的大鸨，海南儋州的草鸮，新疆的白头硬尾鸭和粉红椋鸟，以及那些数以亿计撞玻璃而死的鸟，它们也都牵动着我的心。偌大的世界，竟快要容不下它们了吗？

当我走出家门看看自然，再回来看我生活的城市，就会发现这里实在缺乏生机。

每次回湖北老家总能勾起我对儿时的回忆：和小伙伴去闸口抓小螃蟹、小虾，钓刀鳅，还有我最讨厌的路边小溪里的牛蚂蟥；春夏的中午顶着大太阳去抓水蛇；晚上捉萤火虫装进玻璃瓶子里当灯照着看书。

现在老家的环境大不一样了，这些野生动物都难得一见了。生物多样性早已被人类破坏。动物没有家园，活不下去，而我儿时的家乡也回不去了。内心的空虚、优越的物质条件和无休止的欲望将会带领我们走向何方？这值得我们去思考。

随着人类社会的发展和人口的增长，人和自然之间有了激烈而不可调和的矛盾。我们赖以生存的环境看起来整齐干净，其实本地野生动物的生存环境已经被破坏了。我们一直在向自然索取，或许一些不经意的行为已经在不知不觉中把未来推向了深渊。

了解自然，知晓我们身边正在发生的事情，或许就能改变未来。不管怎样，让我们带着一颗感恩的心走进自然，享受美好吧！

丫丫鱼

# 目录

*{ Contents }*

# 我的观鸟经历

The Bird Friends Around Us: Bird Journal

我做了 8 年游戏美术设计师，在 2010 年决定开始画画，最早画鸟是在 2012 年。那一年，我有半年没上班，尝试做自由职业者，给出版社画一些动物插图，其中有一些鸟类插图；我也经常去国家动物博物馆和国家自然博物馆写生。我还在那年给乌鲁木齐沙区荒野公学自然保护科普中心设计了标志，后来顺理成章地成了守护荒野（以乌鲁木齐沙区荒野公学自然保护科普中心为主体成立的志愿者服务平台）的志愿者。那个时候，我只是对动物有一定的兴趣，但还处于什么都不懂的状态。

2013 年春天，我第一次去户外观鸟，由朋友带着去了北京房山的十渡，一路观察到了普通鵟、普通秋沙鸭、鸳鸯、红嘴蓝鹊、红尾水鸲、鹪鹩、长嘴剑鸻、水鹨，还有在河边觅食的国家一级保护野生动物黑鹳。我以前也去过几次十渡，可从没发现那里竟然隐藏了这么多种鸟。那以后，我自己又看了

第一次去十渡观鸟后我记录下的鸟类

几次鸟。但之后因为忙于工作和画画，我没有太多的时间分给观鸟，也就没再提起观鸟的热情，只是偶尔想起来看一次，一年也就看个两次。

直到2019年的暑假，因为一个偶然的契机，我开始爆发式地频繁观鸟。在此之前那几年，每年暑假我和家人都会去山东乳山的海边住上一段时间。除了去海边玩水和吃海鲜，当地也没啥别的可玩，非常适合养老。

一次，我陪家人去附近的潮汐湖玩，看到很多水鸟。反正闲着也是闲着，我就每天清晨和傍晚都去潮汐湖逛一逛，想拍摄水鸟。在拍鸟的过程中，我发现很多鸟我都不认识。如果不认识它们都是什么鸟，不了解它们的习性，肯定拍不好。于是，我紧急从网上购买了《中国鸟类图鉴（鸻鹬版）》。光买书还不行，很多鸟的身体特征看起来都差不多，还是很难辨认。我转而向住在海边的好朋友闪雀询问，再结合自己的观察，对照着买的书看。大半个月过去，我认识了30多种水鸟。遗憾的是，第二年再去乳山，我又将它们忘得差不多了。后来我才知道，要认识并记住鸟类需要经常观察。

从那以后，我几乎每周都会出门观鸟，踏上了真正意义上的观鸟之旅。

## 什么是观鸟

观鸟是指在自然环境中观察野生鸟类的一种户外活动，前提是不影响鸟类的正常生活。观鸟可以裸眼，也可以利用望远镜等观测设备。

观鸟是起源于英国和北欧贵族的一项消遣活动，兴盛于美国，如今已经演变成流行于全世界的健康生活方式。有调查显示，美国有4000多万“鸟人”（即观鸟爱好者），平均60个人里就有1个观鸟爱好者。真正意义上的观鸟活动在中国才开展了20多年，随着人们环保意识的增强、生活条件的改善，相信一定会有越来越多的人开始走进大自然，开展观鸟活动。

## 观鸟为我打开了一扇探索世界的大门

2019年开始正式观鸟后，我走遍了北京的大小公园（包括植物园），每年还会去京郊的山区和湿地观鸟。特别是春秋迁徙季，是观鸟人最忙的季节，因为这个时间段可以看到大量平时在本地见不着的鸟类。但一个地方可以看到的鸟类毕竟有限，为了

听说一个学生住的小区里有二乔玉兰，
我特意赶去看，并做了自然笔记

看到更多鸟，我还跟着观鸟团去外地观鸟。5 月初，我随观鸟团去新疆观鸟；夏季去山东的海边看水鸟，也去内蒙古看各种湿地鸟类和猫头鹰；每次回湖北老家探亲我都会顺带着到周围的公园和湿地走走。

近几年我也有了更多的机会去观察身边的动植物。我开始更多地去离家最近的龙潭公园，渐渐发现自己的兴趣更广泛了。大自然里不只有鸟，植物也大有看头！我 3 年前搬来现在的小区，前两年只看到小区里有一些植物开花，像二月兰、桃花、丁香和月季，但是并没有特意关注它们。

这一年，我观察了小区里一棵玉兰的变化。初春，玉兰花苞上还落着雪花；3 月中下旬才逐渐开花；4 月花儿谢了，果实露出来了，绿油油的叶子逐渐长出来；7 月、8 月果实越长越大，越来越红。等到 10 月、11 月叶子发黄散落到地上，就能看清楚树上白头鹎的废巢了，它们春天在这里养育后代。其实这棵玉兰就在路边，但树叶过于密集，将巢完全遮蔽起来，即使我早已知道可能会有白头鹎来这里筑巢，但每天路过还是没能发现它们。

我也开始记录包括玉兰在内的一些植物的变化，相信坚持观察和记录，一年后会有更多收获吧。

## 观鸟是一种爱好，也是一种健康的生活方式

观鸟的确是一项有益于身心的运动。

我虽是自由职业者，但每天也需要久坐数小时伏案画画，这让我疾病缠身。而观鸟和拍鸟让我有了很多机会出门活动。观鸟最重要的设备是望远镜，我每次出门必须带上。加上我要兼顾摄影，还得扛着 5 千克重的相机和镜头，这也是一种锻炼了。

大部分鸟类在清晨到上午这段时间比较活跃。所以，观鸟需要早起。春夏秋季，五六点天蒙蒙亮，鸟就出来找吃的了。冬季日出时间晚，鸟和人一样怕冷，很多鸟也会相对晚一点起床。一般情况下，观鸟时长在 2~3 小时比较适宜，这样不会

很累，身体也适当得到了放松，出一趟门就会走上8000~12000步。所以想看好鸟就不能犯懒。我有很多在公司上班的朋友，平时没有太多时间观鸟，他们就会每天早一点起床，在上班的路上转一转，日积月累也会有很大的收获。

经常观鸟还能锻炼观察能力。比如我们常见的喜鹊，它们的羽毛远看是深蓝色的，但在阳光的照耀下可以呈现出多种颜色：暗玫瑰色、群青色、钴蓝色、天蓝色，甚至土黄色和橙色。

都说天下的乌鸦一般黑，其实乌鸦和乌鸦也不一样。常见的一身全黑的是小嘴乌鸦，体型稍大一点、额弓低一点的叫大嘴乌鸦，肚子上有一大片污白色羽毛的是达乌里寒鸦。

很多鸟类的识别都需要对细节日积月累地观察和比较，还需要查阅很多资料学习新知识，顺带还能认识一些生僻字呢。

几年下来，平时若是有黑影飞过，我也大概能判断出它是什么类型的鸟了。

喜鹊（下）和珠颈斑鸠（上）的羽毛

2021 年 1 月很冷的一天，刮大风，别的鸟都躲起来了，只有麻雀在地上觅食

## 观鸟到底有什么乐趣呢

我接触过的鸟人，一般通过以下几种方式享受观鸟的乐趣。

1. 认鸟

刚入门时，大家通常什么鸟都不认识，看这只鸟是麻雀，看那只鸟也是麻雀，再不然就是喜鹊和乌鸦。碰到一种不认识的鸟，我们可以拍下来用观鸟 App 或微信小程序识别。如果不方便拍摄，或者识别不出来，可以回家翻一翻图鉴，对比着查找。还是认不出来的话，就可以问一下身边熟悉鸟类的朋友，或者通过网络社交平台请教自然类达人。

识别和了解鸟类是一个有趣的探索过程。你通过观察知道了它们长什么样，通过询问和查询知道了它们的名字，还获取了一些有关鸟类的科学知识，比如它们出现在什么季节和什么时间，生境如何，飞行姿态是什么样的，身体有什么特点，生存和保护状态如何等。

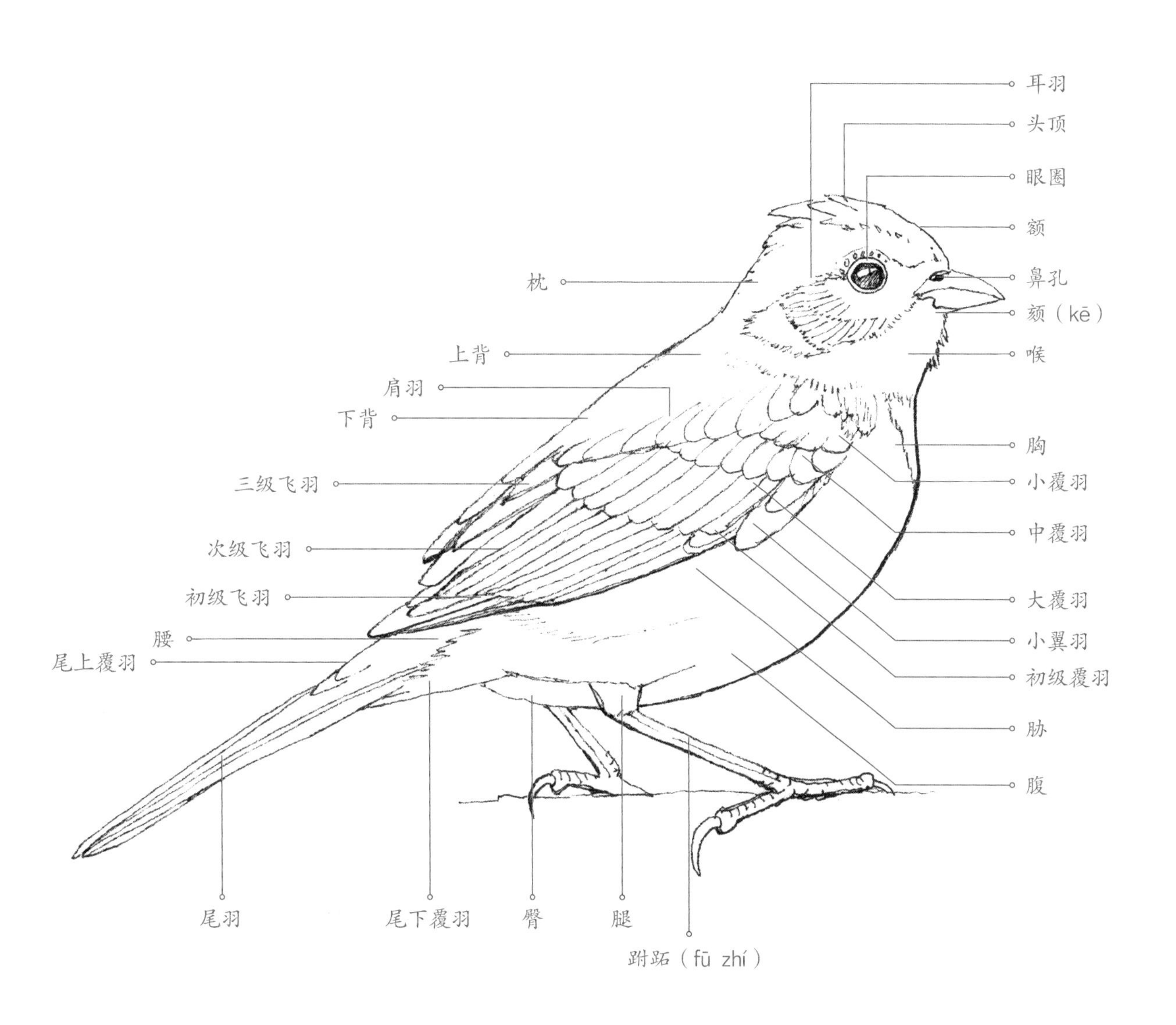
耳羽
头顶
眼圈
额
鼻孔
颏（kē）
喉
胸
小覆羽
中覆羽
大覆羽
小翼羽
初级覆羽
胁
腹
枕
上背
肩羽
下背
三级飞羽
次级飞羽
初级飞羽
腰
尾上覆羽
尾羽
尾下覆羽
臀
腿
跗跖（fū zhí）

鸟类身体结构示意图

### 2. 鸟类加新

具备一定观鸟基础以后，常见鸟可能就无法满足鸟人的探索欲望了，他们希望看到更多的鸟类，所以就需要去更远的地方观鸟，或者在不同的时间段更多次地探索熟悉的地方。勤看才能发现更多惊喜。每一个鸟人都梦想加新，新鲜的事物是很有吸引力的。对鸟人而言，自己目击的鸟种数量越来越多、知识储备越来越多也是非常有成就感的事情。

### 3. 看鸟类的行为

我经常只是认出了某些常见鸟，但是没看清楚或者没见过它们的雏鸟，不知道它们是怎么求偶、筑巢的，它们的蛋多大、什么颜色，它们每年什么时候迁徙、去哪里了。哪怕是常见鸟，也有很多未知的东西等待我们去探索和发现。这些东西有时候直接观察能得到，不方便直接观察的时候就需要多找一些书来读了。

### 4. 做自然笔记与绘画

我们可以通过做自然笔记和绘画来记录看到的鸟类，比如记录下现在是什么季节，今天是什么天气，出门见到了什么鸟，观察到的鸟长什么样子，是在什么环境里看到鸟的，它们又在干什么等。你能想到的与观鸟相关的内容，甚至你的一些主观感受和疑问都可以放进自然笔记里。文字有时候会有一些局限性，因此可以加入一些配图来展现你的观察。如果希望自己的自然笔记更有趣和美观，你还可以学习一下排版设计和字体设计，这会大大丰富你的自然笔记。

### 5. 摄影

喜欢摄影的朋友很多，有不少人喜欢以摄影的方式观鸟，这样也很好。拍到一张精彩的鸟类照片总是令人兴奋的，和观鸟一样充满乐趣。但拍鸟时我们需要控制欲望，文明拍鸟，拍摄的过程中尽可能地把对鸟的影响降到最低。

### 6. 分享

我经常把自己拍的照片、做的自然笔记和画的画通过各种平台分享给感兴趣的人，让更多人感受自然之美。周围不观鸟的朋友也跟着我学了不少知识，久而久之，他们也能认识一些身边的鸟类朋友们了。网络除了可以用来查阅资料，还可以与同好分享自己的发现和心得。通过网络分享，我也结识了很多志同道合的朋友。我们经常一起学习和讨论，这也开阔了我的视野。

## 从观鸟到保护鸟

我们为什么要观鸟呢?

这个话题说小也小，就是为了玩。我觉得观鸟跟人类想亲近自然的天性有关，人也是自然的一部分，每个人都有探索自然的欲望。纵观历史，人类从出现到今天的时间在地球史上可能连一瞬间都算不上。绝大多数人类的活动范围仅仅是地表上下几千米。这个地球上只有 100 多万个物种被人类发现，大部分生物还尚未被人类发现和认知。观鸟就是一种很好的探索自然的方式。

开始观鸟以后，我通过网络和书籍了解到了更多关于鸟类的信息，特别是随着社会的发展，真正适合动植物生存的地方越来越少。和鸟类一样，其他野生动物也都面临着环境污染，工业开发、滩涂围垦、旅游开发等因素造成的栖息地的丧失，物种入侵，误捕、盗猎等威胁，我们身边的常见动物越来越少。

我趴在地上拍鸟

我记得小时候，我们一帮调皮的男孩在上学路上经常摘路边的苍耳捉弄人；去附近的滠水河二闸边垂钓，经常能钓到麦穗鱼、中华刺鳅（又叫刀鳅）、泥鳅和黄鳝；还会下河搬开石头找螃蟹，大中午跑到大堤边抓水蛇。那会儿我不敢下河玩水，因为河里有牛蚂蟥（水蛭）。

现在的自然环境和我儿时大不一样了。父亲经常给我发一些家乡的照片，并强调着“黄陂的环境越来越好了”。现在回到老家，看到滠水河畔的自然环境已不再是纯天然的。哪里是环境变好了，明明是人们自以为是地改造了天然的环境。平整的水泥地面、人工草坪、浮夸的激光灯光，一切都是新的。我们以为环境变得更好了，却再也找不到原本生活在那里的动物和植物。我再也回不到像文森特·凡·高的《罗讷河上的星夜》描绘的那样淳朴的家乡了。

时代在变，我们对待自然的方式也需要改变。

十几年前，我回老家湖北黄陂，亲戚们总会盛情邀请我去郊区的野味餐厅吃饭，他们偶尔还会从市场买来刺猬炖汤。人们抱着猎奇的心态去品尝野生动物。那时候，我并没有什么感触，野生动物似乎跟我一个上班族没有什么关系。我看着野味餐厅铁笼里的动物们，觉得它们很可怜，它们的状态不是惊恐就是病恹恹的，后来我的脑海里还总能浮现出那些画面。好在后来这些餐厅都被取缔了。

作为一个普通人，我想做些什么。我又能做些什么呢？每个人从小到大的经历不一样，性格和擅长的领域也不一样。但是作为社会的一分子，我们有责任有义务让赖以生存的世界变得更美好一点，哪怕只是改变了一点点。

自然保护这个课题挺大，从小我做起，也许只是尽可能少用塑料制品。工作忙起来，不叫外卖好像难度比较大，但我们可以不用一次性筷子。尽量选择公共交通工具出行，少开车。捡到小鸟不要养，交给自然保护机构。举报非法捕猎、出售、饲养野生动物的行为。尽可能选择对环境友好的服装、文具和生活用品。

没有人类，自然可以正常运转，但人类不能没有自然。假若没有洁净的空气、肥沃的土壤，没有那些我们赖以生存的植物和动物，人类可能一天都活不下去。

我记得简·古道尔奶奶说过一句话：唯有了解，才会关心；唯有关心，才有行动；唯有行动，才有希望。

后印象派画家文森特·凡·高于 1888 年绘制的著名油画《罗讷河上的星夜》，描绘了法国南部城市阿尔勒的罗讷河上的夜景

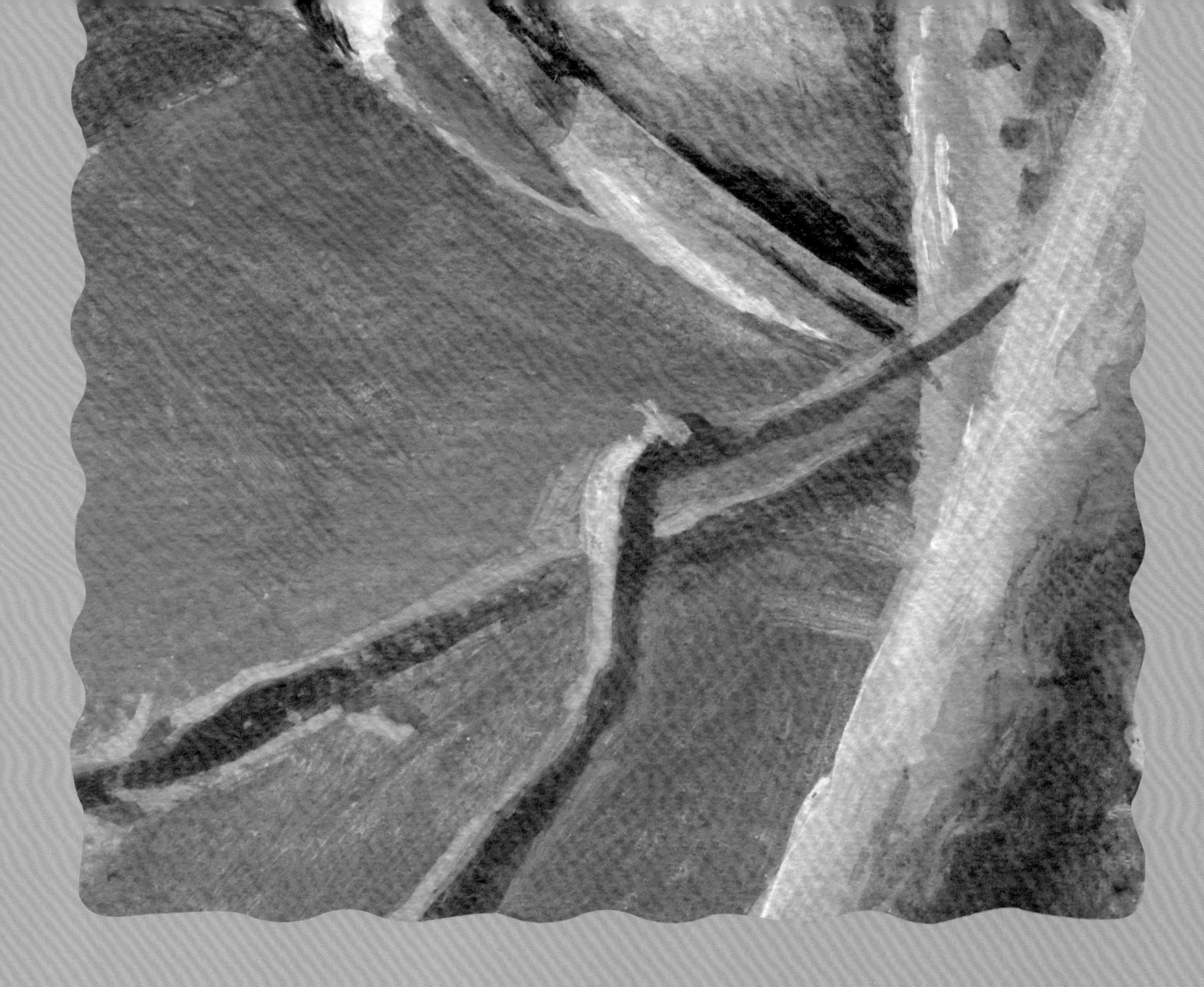

# 开始观鸟吧

*The Bird Friends Around Us: Bird Journal*

带着你的好奇心，我们一起来观鸟吧！

走进自然，一开始，我最大的感受就是，这也不认识，那也不认识。这就是所谓的“门槛”。我的成长过程之中缺失自然教育的部分。直到开始观鸟，我才发现或许自己错过了太多学习的机会，错过了太多美好。全世界有 9000 多种鸟，至今没有人能把它们认全。中国有 1300 多种鸟，也几乎没有人能全部见到。这只是鸟类，而这个世界还有太多的秘密等着我们去探索。

说回观鸟，首先要像猎人般保持敏锐，眼观六路，耳听八方，用上你所有的感觉器官来找到鸟。通常食物在哪里，鸟就会在哪里。

看树，

看草，

看地，

看山，

看水，

看天空。

鸟无非就在这些地方。

假如我们走进公园，树上可能会有麻雀、白头鹎、乌鸫叽叽喳喳；树冠中可能有小嘴乌鸦、八哥在鸣叫。当然了，它们无时无刻不在移动。你也可能会在草地或者小土堆边发现它们，没准它们还会在小池塘边喝水、洗澡。

夏天的林子里可能还有四声杜鹃和大杜鹃，它们常常活跃于树的中上层，监视着宿主的一举一动。池塘、河流或者湖泊中可能会有鸳鸯、小䴙䴘、凤头䴙䴘在巡逻，春、夏季可以看到它们繁育宝宝，没准它们正载着宝宝游玩呢。也可能会有夜鹭、苍鹭、小白鹭站在浅水中觅食；当然，它们有时候也会在树枝上休息。水面上空可能有鸥类和鹗在巡逻。

夜鹭站在龙潭公园湖边的铁架子上休息

假如我们到了郊野，在水位较低的滩涂上可能见到各种鸻鹬等水鸟觅食，在河边很容易见到普通翠鸟站在树枝上等待捕猎的时机，在漆黑的山林里则可以听到红角鸮的嘀咕声。

除了保持感官的敏锐，还可以提前多了解一些不同鸟的习性，并慢慢总结一些经验。像找大杜鹃，我们可能一开始只是听到它的叫声。大杜鹃往往栖息在树的顶端，我们要从叫声传出的树木顶部开始找。啄木鸟一般在密林间飞来飞去，有时停留在树干上；黄腰柳莺往往活跃在相对矮的松柏、柳树上，甚至芦苇丛中；鸦科和鸫科的鸟类很爱在地面觅食；鸭科和鹏鹛科的鸟类都在较开阔的水域活动；鹭科的鸟类和鸻鹬往往出现在低浅的湿地及滩涂。了解了这些鸟类的习性之后，我们就知道去哪儿找它们了。

观鸟，除了找对地点以外，还需要注意观察的时间。一般来说，日出后的一小时是很多鸟类一天中最活跃的时间，其次就是傍晚了。当然，其他时间也可以看到很多鸟类，比如猫头鹰，这取决于不同鸟类的习性和其他客观因素。

其次是观察。虽然到处都能见到可爱的小鸟，但我们以前可能从来没有观察过它们。见到和观察是两回事。比如麻雀和喜鹊，我们可能每天都可以见到，但你能描述麻雀长什么样子，羽毛什么颜色，吃什么，住在哪儿，飞起来什么样，怎么洗澡，怎么求偶繁殖吗？这些看起来简单的问题，鸟类专家也许都很难回答。我们观察到的第一手资料是最珍贵的。

刚入门的鸟人可以先从你所在的小区和离你家最近的公园开始，去找一些本地的常见鸟，并认出它们。你可以在观察时对照鸟类图鉴来识别，也可以试着拍下鸟的照片，再对照鸟类图鉴或将照片上传到识鸟 App 来识别。也可以关注一些介绍鸟类和其他野生动物的公众号，如公益和自然机构、学术机构等的公众号“博物”“山水自然保护中心”“北京市野生动物救护中心”“北京飞羽”“中国观鸟”“上海野鸟会”“武汉观鸟”“守护荒野”“鸟类观察”“西南山地 SWILD”“美境自然”“自然之友”“防鸟撞行动网络”“昆山杜克环境”，个人公众号“观翔羽”“FBDS 的观鸟记”“推鸟”“鸟途阅鸟”“观鸟者”“府河观鸟”等，了解更多关于鸟类和其他野生动物的知识。还可以通过中国观鸟记录中心的网站查找和记录本地鸟类的数据。在社交媒体上搜索鸟类的信息、关注一些自然类的博主、参加本地和外地的观鸟活动、加入观鸟爱好者社群也是不错的方式。通过这些途径，相信你很快就可以认识一些志同道合的鸟友。

*The Bird Friends Around Us: Bird Journal*

站在树枝上的喜鹊

# 抱团做鸟中“大佬”——喜鹊

**学名：***Pica serica*[①]　/　**门类：**雀形目鸦科　/　**体型：**中型鸟类

**生境及分布：**

广泛见于欧亚大陆，在北非也有分布。在中国，除了青藏高原腹地和南疆荒漠，其他地方几乎均有分布。无论城市还是乡村，平原还是山区，都能见到喜鹊的身影。它们是世界上分布最广、适应能力最强的鸟类之一。

**习性：**

喜欢集群，经常三五成群、“拉帮结派”。秋冬季节会集几十只的大群。杂食性鸟类，农作物、垃圾、果实、种子、昆虫、鸟蛋，甚至其他鸟类的幼鸟、小型啮齿动物都可以成为它们的食物。

**识别特点：**

远看黑白相间。腰部、腹部、胁部、初级飞羽内翈均为白色，次级飞羽为蓝色，其余为黑色。它们身上看起来像黑色的羽毛，其实是不同程度的绿色、蓝色、紫色等羽毛泛光所致。有较长的尾羽。

① 本书中的鸟类拉丁文学名参考《中国观鸟年报——中国鸟类名录 10.0（2022）》。——作者注

中国有“开门见喜”“喜上枝头”这样的俗语。人们普遍认为喜鹊是吉祥的象征，还把牛郎织女的相会地点设在鹊桥之上，这便是人们熟知的“鹊桥相会”的故事。

喜鹊是鸦科的鸟类，鸦科的鸟类是雀形目中体型最大的成员。一只喜鹊的体重大概相当于 11 只麻雀。

鸦科鸟类智商比较高，喜鹊也不例外。它们是已知少数可以从镜子中认出自己的鸟类之一。喜鹊还会使用工具。就像我们小时候听说过的《乌鸦喝水》故事里的乌鸦一样，喜鹊也会把石子叼进瓶子里，随着水面的上升，就可以方便地喝到水了。

我就真的遇见过一只聪明的喜鹊。一次，我在天坛公园观察一只日本松雀鹰吃麻雀的过程。整个过程大概持续了 5 分钟。日本松雀鹰把麻雀的内脏掏出来吃掉后扬长而去。本以为事情到这里就结束了，结果我刚从地上爬起来，就看见不知道从哪里飞来一只喜鹊叼了麻雀的头就跑，看来它早就在一旁等着日本松雀鹰吃完走人，然后趁机坐享其成呢。

北京郊外的土路上，正在哄抢猪头肉的喜鹊

在十渡上空驱逐普通鵟（中）的喜鹊

喜鹊喜欢集群，我总能看到喜鹊三五成群地分享食物。它们擅长团队协作，经常在自己的地盘驱逐其他鸟类，所以被认为是鸟中“流氓”，常把“好鸟”（这里指日常不那么容易见到的鸟类）打跑。我就多次看到喜鹊在野外驱逐长耳鸮、黑翅鸢和普通鵟。单打独斗的话，它们是打不过这些猛禽的，之所以敢对猛禽出手，就是因为它们擅长团队协作。

喜鹊不光喜欢驱赶其他鸟类，还有向群体中的其他喜鹊“报警”的习性。它们会轮流值班。一大群喜鹊中，总有一只喜鹊负责“报警”。人们在公园里不经意地走动，有时候也会引发喜鹊“报警”。一旦一只喜鹊“报警”，不光其他喜鹊会纷纷叫喊着起飞，其他鸟类听到了也会落荒而逃。

喜鹊领地意识很强，会组团驱赶其他鸟类，甚至是猛禽，抢夺起其他鸟类食物来还特别厉害，被观鸟人誉为鸟中“大佬”。“大佬”筑巢也很张扬，总是将筑巢地点选在视野比较开阔的大树上，不被枝叶遮挡，而绝大部分在树上筑巢的鸟类都会选择将巢筑在隐蔽的树叶间或树洞里。喜鹊的巢是球形巢。巢很大，有的直径甚至能达到 80 多厘米。

## 我观察到的各式各样的鸟巢

球形巢——植物园大杨树上喜鹊的巢

树洞巢——天坛公园里大斑啄木鸟的巢

碗状编织巢——小区玉兰树上白头鹎的巢

编织浮巢——府河边黑水鸡的巢

喜鹊巢的外部看起来杂乱无章，很粗糙，但其实内部的结构很精细。从内到外，巢一共有 4 层。外部用较大的枯树枝叠加搭建，非常牢固；内部由草、青苔、各种纤维、毛发等编织而成，这里是雏鸟生活的地方；底部用盘状泥巴夯实。喜鹊巢并不像很多鸟类的巢那样出入口直接朝上。喜鹊会把巢的顶部密封，在巢的侧面开出 1 ~ 3 个小洞用于进出，这样雨雪就不容易落入巢里了。

喜鹊筑巢是一件相当浩大的工程。它们往往会花 3 ~ 4 个月的时间来做这件事。每年都筑巢的确费力又费心，因此喜鹊会尽可能地使用旧巢来繁殖。如果旧巢破损严重，它们就会在旧巢上面直接搭建新巢。细心的人们经常会发现一棵树上可能会有很多个喜鹊巢。我还发现城市里的喜鹊巢位置往往比较高，基本都是在 10 米以上的高度。当然郊区的喜鹊巢位置大多也比较高，但偶尔也会见到位置很低的喜鹊巢。有一次，在郊区无人的山坡上，我看到过离地仅 2 米多高的喜鹊巢，但当时由于担心惊扰到巢中的鸟儿，我没有走近察看。喜鹊并不是刻意把巢建得这么低的，这是附近没有大树可以建巢的无奈之举。

找不到合适的巢材而生掰树枝的喜鹊。我在龙潭公园里发现的这只喜鹊在与以前的巢相隔 20 米的树上建了新巢。公园的地面每天都被清洁工人打扫得干干净净，几乎没有什么树枝、树叶，巢材不好找。喜鹊通常就在附近的树上生掰树枝当巢材，太生猛了！有时候没有找到巢材，它就去拆旧巢，但有时捣鼓了半天也没拆下旧巢的巢材。有一次，我还见到一只喜鹊竟然叼着一根粗铁丝来筑巢，用粗铁丝筑的巢应该坚如磐石吧。总之，为了下一代，喜鹊爸妈们真是费尽了心思

请注意，观察的时候我们需要和鸟巢保持一定的距离，一般一二十米，甚至更远，尽量把对鸟儿的影响降到最低。

尽管人们对喜鹊褒贬不一，但喜鹊仍是我国的“三有保护动物”[②]。我们不能仅仅根据人类的喜好来判断一个物种的好或者不好。

---

② “三有保护动物”是指录入《有重要生态、科学、社会价值的陆生野生动物名录》的动物。——作者注

站在树枝上的灰喜鹊

# 救助灰喜鹊的故事

**学名：***Cyanopica cyanus* / **门类：**雀形目鸦科 / **体型：**中型鸟类

**生境及分布：**

经常三五成群地出现在城郊公园及居民区。

**习性：**

杂食动物，食物以昆虫及其幼虫为主，也会吃一些植物果实和种子。

**识别特点：**

和其他鸦科鸟类一样，喙比较粗壮，头部上部为黑色，身体主体为灰色，下体为灰白色，翅膀和尾羽均为淡蓝色，尾羽末端有较大的白斑。

灰喜鹊是北京城区最常见的鸟类之一。它们生性好动，大多数时候我们看到的灰喜鹊不是蹦来蹦去的，就是飞来飞去的，要不然就是在树上聒噪地“开会”。我观察到的灰喜鹊一般不做长途飞行，大部分飞几十米就会停下来。翅膀扇动比较快，会短暂地滑翔。

飞行中的灰喜鹊

跟喜鹊一样，灰喜鹊也喜欢集群，但它们不会像小型鸟类一样集大群，而是三三两两地行动。每个灰喜鹊的小群体里都有放哨的个体，遇到敌情会“喳——喳——喳——”地叫，通知同伴逃跑，发现了食物或者水源也会喊大家一起分享。灰喜鹊也具有鸦科鸟类剽悍的行事风格，会像喜鹊一样，共同把其他鸟儿驱赶出自己的领地。

送孩子上学后，我经常去龙潭西湖公园观鸟。秋天是动物们大快朵颐的时节。有一次，我就在公园里的林地上看到灰喜鹊在啄食海棠果。

一只灰喜鹊在巢里。灰喜鹊喜欢在杨树、刺槐树上筑巢，它们的巢是简易的碗状编织巢

灰喜鹊在啄食海棠果

灰喜鹊在春夏季经常吃的一些食物

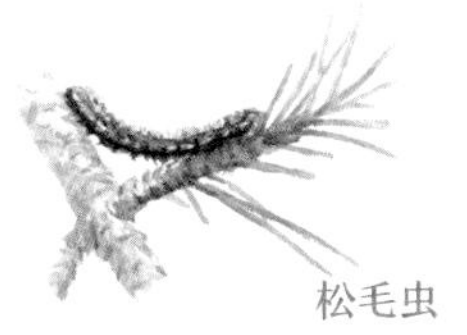

松毛虫

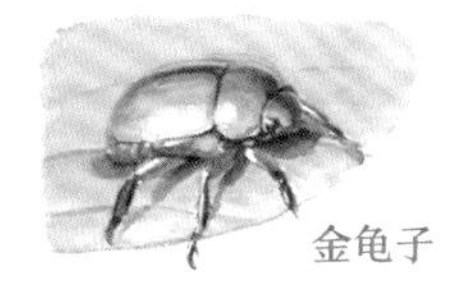

金龟子

灰喜鹊在秋冬季经常吃的一些食物

海棠果

柿子

灰喜鹊春夏季爱吃肉，秋冬季爱吃果实。

说到灰喜鹊，我跟儿子还和灰喜鹊有一段故事呢。

2020年4月的一天，我看着儿子和小伙伴在院子里玩，突然有个小伙子捧着一只鸟走过来。我一看，这不是灰喜鹊吗？原来它受伤了，我自告奋勇要求接手。我不会抓鸟，下手轻，没抓紧灰喜鹊，而灰喜鹊一直处于紧张的状态，嗖地一下就从我的手里挣脱，冲进了小区的灌木丛。我们几个人围着灌木丛好半天，才重新抓住它。

根据之前在网络上了解到的知识，我把灰喜鹊装进了一个纸箱，并在纸箱侧面开了两个透气孔，又用塑料碗盛了一些水放在纸箱里面。进入纸箱后，灰喜鹊终于老实点儿了。然后我和儿子一起骑着电动车，把它带回了家。

接灰喜鹊回家后，我发现它受伤处（大概是右侧翅膀的小翼羽位置）的皮毛和肉混合着血，于是赶紧拍照给我的动物专家朋友们看，四处求助，

灰喜鹊的翅膀受伤了

灰喜鹊在看着我

从纸箱“越狱”出来站在我家阳台水桶上的灰喜鹊

灰喜鹊包扎完翅膀后的样子

了解灰喜鹊的受伤原因、治疗方案和饮食习惯。朋友们初步判断这是外伤，受伤的原因可能有两种，一是灰喜鹊滑翔的时候不小心撞到树上撞伤了，二是被人用弹弓打伤的。我第一次当“医生”，学习照料和喂养灰喜鹊。

先看灰喜鹊会不会进食，如果会进食，那么问题可能不大。我切了一些碎羊肉和鸡肉放进纸箱，然后把纸箱搬到阳台上，这样我们就不容易打扰到它。

晚上，我根据专家们的建议购买了生理盐水、碘伏、金霉素眼膏、创可贴。第二天早上起来一看，灰喜鹊把瘦肉都吃光了，就剩一些肥肉了。原来这家伙不爱吃油腻的肥肉啊！看到它吃得好好的，我们心里别提多高兴了。

然后，我就开始着手给灰喜鹊上药了，但我这天天画画的手哪干得了这个。第一次当动物“医生”，我心软，下不了手，主要还是太紧张，很怕弄疼它。但没办法，只好让儿子在旁边打下手，硬着头皮上。先用生理盐水给它冲洗伤口，然后在伤口上抹碘伏，涂上金霉素眼膏，贴上创可贴，最后把灰喜鹊放回纸箱。

我一直在想，下次换药可咋办，把创可贴撕下来会不会把它的羽毛扯掉，这样以后它可怎么飞呀？第三天，该换药了，我又买了绷带，这回就熟练多了。我担心的情况也没有出现。

它的病情算是稳定了，可还有个问题，我们不能一直养着它啊！灰喜鹊是野生动物，大自然才是它最好的归宿。请教了一下朋友们，我们有两个选择：一是让它在家里养伤，等合适的机会放飞，如果放飞不了就一直养着它；二是把它交给北京市野生动物救护中心的专业人士处理，将来放飞的概率会更大。

养了灰喜鹊几天，我和儿子对它都有感情了，真是舍不得。

经过再三考虑，我们最后还是决定送它去北京市野生动物救护中心。我记得做决定的前一天晚上，我找儿子商量。他不愿意送走灰喜鹊，我告诉他，送走灰喜鹊是最好的选择，对小鸟和对我们都好，

送走灰喜鹊的那个上午，我和儿子坐在阳台的地上写生，灰喜鹊从纸箱里出来晒太阳。我觉得那一刻就是最美好的时光

我做的救助灰喜鹊的自然笔记

它有它的使命，要回到它自己的世界去。儿子问我："小鸟以后会记得我们吗？"我说："当然会，是你救了它。你也要一辈子记得它呀！"说这话的时候，我心里一酸。送走灰喜鹊后，我去阳台上看了看，不免有些失落。照顾了它几天，它这一走，我的心里突然空荡荡的。

小鸟要飞翔，要回归大自然。我们不能因为自己的贪婪剥夺小鸟的自由。给孩子讲这个道理，他能明白。从我做起，让世界多一点爱和温暖，少一点贪婪和伤害。小灰喜鹊，再见了！他日在路边若是看到灰喜鹊，也许就是小家伙来赴我们的约了！

在此特别感谢那些天给我们提供过帮助的朋友：张瑜、猫妖、藏花忍冬、杨毅、岩蜥、丫总、闪雀、凤子和她的朋友小曦。

把灰喜鹊带回家后，除了照料小家伙，我还做了一些自然笔记，画出灰喜鹊的状态，再配上文字记录。通常做观察的时候，我都会现场写生。如果条件允许，请一定不要按照片画，因为照片是二手资料，很多细节传达得不准确，也不够生动。请尽量使用画笔和文字记录下当时的所见和感受吧。

### 捡到雏鸟怎么办

每年的4—6月是大多数鸟类的繁殖季节，很多雏鸟在这时候出壳，靠父母的哺育成长。这些还不具备飞行能力的雏鸟，有时会从鸟巢中掉落，如果我们把它们捡走，其实是很难养活的。捡到雏鸟最好的处理办法是，从哪里捡到，就放回哪里。通常，鸟巢就在雏鸟掉落的地点附近，它的爸爸妈妈有很大概率能发现掉落的雏鸟，并继续喂食。需要注意的是，应观察附近是否有流浪猫的踪迹，如果有，可以把雏鸟放在稍高一点的树上，这样会更安全一些。

### 遇到受伤的鸟怎么办

首先，我们可以把鸟安置在一个带盖的纸箱里，在纸箱上开一个小口通风。黑暗的环境有助于小鸟安静下来。还可以在纸箱里放一些水。做完这些，就把纸箱放在安静的角落，尽量不要过多地打扰小鸟。然后拨打当地野生动物救护中心或林业局的电话，等待专业人士的救助。

在北京古建筑下筑巢的麻雀。城市里的麻雀相对亲近人类。它们喜欢在房屋或岩石缝隙里筑巢，这样既可以躲避风雨，又能避免受到体型较大的天敌袭击

# 叽叽喳喳的小麻雀

## 学名：*Passer montanus* / 门类：雀形目雀科 / 体型：小型鸟类

**生境及分布：**

除西藏和新疆等部分高原地区以外，全国各地均有分布。

**习性：**

吵吵闹闹，蹦蹦跳跳，好动又活跃，喜欢集群。别看麻雀个子小，脾气却特别火爆，动不动就会打架。繁殖期主要吃昆虫，冬季还会吃一些杂草和种子。

**识别特点：**

体长12～15厘米，头顶是棕色的，眼睛下面的颊部有一块黑斑，颏和喉处有一条黑色的“胡子”，脖子上有一圈明显的白色颈环。

从小到大我们见得最多的鸟恐怕就是麻雀了。从城市到郊外，麻雀的身影好像无处不在（但后来我在我国南方很多地方都没见过麻雀），以至于2013年开始观鸟以前，我一直以为世界上数量最多的野鸟就是麻雀。其实并非如此，世界上数量最多的野鸟是生活在非洲的红嘴奎利亚雀。

中国已知分布有5种麻雀：麻雀、家麻雀、山麻雀、黑顶麻雀、黑胸麻雀。下面就给大家分享一下我身边发生的两个关于麻雀的小故事吧，也许你能通过它们更多地了解麻雀。

第一个故事是爸爸给我讲的他小时候的故事。

当时，爸爸和他的小伙伴们一发现有麻雀在仓库里偷吃粮食，就冲进去，迅速关闭

冬天在树上的麻雀

在荷塘上空集群飞行的麻雀、金翅雀、小鹀和燕雀。图中未标注鸟名的都是燕雀

门窗。受到惊吓的麻雀急于逃命，就会往玻璃上撞，撞得晕过去。这样就能很轻易地抓到它们。

另一个故事是我的亲身经历。

20世纪80年代一个冬天的晚上，小舅背着一把一米多长的气枪，带着个手电筒，领着我去打麻雀。我亲眼见到晚上麻雀们聚集在一起，站在树上。拿手电筒一照，它们就不会动了，这样就可以轻易地把它们打下来。那时候人们还没有保护野生动物的概念。现在，持枪和打鸟都是违法的。

这件事让我想起了麻雀喜欢集群的生活习性。

麻雀的喙不是特别尖，甚至有些钝。它们喜欢吃种子和谷类。2020 年 12 月 30 日，这天的最低气温只有零下 20 摄氏度。早上，我骑车送孩子上学，途中见到一只小麻雀在地上吃小米，应该是好心人投喂的。见我来了，它一下蹦到了玉兰树上，随时准备跑路

集群是一种很好的生存策略。小鸟集群，是为了及时发现天敌，共同防御敌人。集群还有一个很大的好处，那就是如果鸟群中有一只鸟找到了食物，它会与其他鸟交流信息，这样整个群体都可以找到食物。当然，在寒冷的夜晚，鸟聚集在一起还可以抱团取暖，维持体温。

关于麻雀，人们有一个误会。很多人看到冬天的麻雀圆乎乎的，就以为它们是为过冬做准备，囤好了“膘”。其实冬天，包括麻雀在内的很多鸟看起来胖胖的，并不是吃胖了，而是为了适应环境，它们会长出贴身的小绒毛，还会把羽毛弄得更蓬松，隔离冷空气，达到保暖的效果。这就和我们冬天穿羽绒服是一样的道理，厚厚的羽绒服能把寒冷的空气和身体隔离开。

细心的朋友可能会在公园里看到成群的麻雀在树下的土里打滚。它们一般是先刨出一个坑来，然后张开翅膀在坑里扑腾，进行沙浴。麻雀们看起来是在玩耍，其实是在整理

羽毛，顺便把羽毛里的寄生虫洗掉，避免生病。好聪明的办法！

看到这里，你是不是也了解到了麻雀很多不为人知的小秘密呢？

### 不同鸟儿的喙

麻雀的喙不是特别尖，甚至有些钝。它们喜欢吃种子和谷类。但这些食物都很硬，这样小的鸟怎么能把它们一粒粒地嗑开呢？原来，麻雀的腭和舌头都很硬，所以它们可以很轻松地嗑开种子。小鹀、金翅雀、燕雀的食谱大致和麻雀差不多，它们也都长着比较钝的喙。

我们见到的每一种鸟似乎都有不一样的喙（也就是鸟嘴），这是为什么呢？

雪天，在柏树上栖息的麻雀

鸟的喙的确很有意思。鸟种不同，喙也不尽相同，这是根据它们独特的捕食习惯进化而来的。

麻雀、蜡嘴雀、燕雀、金翅雀、鹦鹉胖短锥形的喙可以轻易地嗑开种子。

乌鸫、山雀、鹪鹩尖长的喙能轻易地从地里或树皮里挖出虫子。

反嘴鹬的喙向上翘起，能在水里横向扫荡，捕捉食物。

绿头鸭等多数雁鸭类的喙比较扁平，可以较好地过滤掉和食物混在一起的沙子和水。

喜鹊、乌鸦的喙是多功能的，吃肉、吃果实都可以。

交嘴雀的喙上下交叉，更容易剥食松果。

啄木鸟的喙呈锥状，很适合凿开树皮，寻找树木内的昆虫。

翠鸟、鹭的喙较长，更容易戳进水里叉鱼。

鹰（见右图中的欧亚鵟）、隼等猛禽的喙朝下弯曲，尖端有锋利的钩，可以很容易地撕开鱼和腐肉。

兀鹫、鹗、雕的喙向下弯曲的钩比较大，很容易撕开鱼和腐肉。

鹈鹕的下喙有个大兜兜，像个兜鱼的网。它会用喙把鱼兜起，然后过滤掉多余的水。

蜂鸟的喙细而尖，有的也有较大的弯度，方便取食花蜜。

巨嘴鸟和犀鸟的喙又大又弯，比较适合吃水果。

鹬的喙较长，进食的时候把喙戳进浅滩里探查蠕虫和螃蟹。

很多鸟的喙都拥有非常敏感的触觉感受器，雁鸭类的喙可以很敏锐地感受到水草；鹬的喙可以探测到树木和泥土里的虫子；麻雀的喙很灵活，可以很方便地磕开种子的硬壳。

喙真是鸟儿们生存的必备利器啊！鸟儿在千万年的进化中不断改变着自己，用不同的策略来适应不同的生存环境。看到这儿，你是不是也感受到了生命的奇特之处呢？鸟儿们真了不起呀！

大斑啄木鸟
欧亚鵟
秃鹫
红喉北蜂鸟
白腰杓鹬
绿头鸭
凹嘴巨嘴鸟
乌鸫
小嘴乌鸦
黑尾蜡嘴雀
白鹈鹕
红交嘴雀
反嘴鹬
普通翠鸟

不同鸟类的喙

取食种子的黄腹山雀

# 会“储蓄”的小鸟——黄腹山雀

**学名：***Pardaliparus venustulus*　/　**门类：**雀形目山雀科　/　**体型：**小型鸟类

**生境及分布：**

除了西北大部分地区以外，全国很多地方都有分布。过去该种被认为是中国特有鸟类，但现在俄罗斯远东地区也有记录。夏季多在中高海拔的山地生活，冬季会到海拔较低的平原生活。被认为是留鸟，但也会进行短距离的垂直迁徙。

**习性：**

有鸟类图鉴介绍黄腹山雀冬季会集大群活动，但我自己观察到的都是三五只的小群体。跟其他山雀一样，它们性情活泼，喜欢在枝头跳跃。食物种类比较杂，昆虫、植物种子和果实都吃。

**识别特点：**

很多鸟的名字里其实包含了它们的一些识别特点，比如黄腹山雀，顾名思义腹部就是黄色的。当然了，光凭这一点还不能下定论。腹部为黄色的鸟还有很多。

要认出黄腹山雀还需要记住这几个特征：喙比较短，两翼上有两道白色翅斑，脸颊和后颈有白色斑纹。它的体型比大山雀小一点，但不像大山雀那样胸腹部有宽大的黑色带。之所以拿它和大山雀做比较，是因为我多次看到它和大山雀一起活动。

黄腹山雀在北京的公园里比较常见。每年 10 月到次年 4 月，在奥森、颐和园、北京植物园（现为国家植物园北园）、天坛公园、朝阳公园和南海子公园都可以找到它们。它们一般在树木枝头和有植被的地面活动。

黄腹山雀生性活泼好动，移动速度非常快，前一秒还抓着树枝，下一秒可能就改变主意蹦走了。我看到过好几次黄腹山雀，它们都在油松树上找虫子和松子吃，偶尔也会跳到地面上来，吃散落在地上的种子和果实。它们的叫声是连续的“si——si——si”。不过，我对鸟的叫声不太敏感，觉得好多山雀的叫声都差不多。

一年初冬，我见到成群的黄腹山雀往返于松树和附近的其他树下，可忙了。它们先是从松树上的松果里啄出松子，再飞到附近的树下，在枯叶堆里刨坑，把松子埋起来。以前我只知道松鼠会储藏食物，鸟类储存食物过冬的现象还是比较少见的。

北方的冬天，野外不仅食物短缺，绝大部分有水的地方也都结冰了。很多鸟类会被食物和水源吸引到城市里来生活。哪怕只是路边一根漏水的水管，也会吸引很多小鸟“光顾”。

大山雀（左）和黄腹山雀（右）

黄腹山雀在漏水的水管旁喝水

2020 年 9 月 28 日上午 9:00，于北京市朝阳区慈云寺八里庄工商银行外发现的黄腹山雀尸体

有一次，我在南海子公园一个厕所外面的一根漏水的水管旁发现了红尾鸫、锡嘴雀、大山雀、黄腹山雀和麻雀。黄腹山雀先是试探着飞到水管附近的松树低矮的枝头，然后四下张望，若是没什么动静，便慢慢跳向更低矮的枝头，确定环境基本安全了，才降落到水管旁，开始寻找可以下嘴的地方喝水。

去年秋天，观鸟组织“鸟途”的朋友给我送来一只死掉的黄腹山雀，我才得以第一次近距离地观察这种可爱的小鸟。每次给鸟类尸体写生，我总是心怀感伤——为一个生命的离去。我不能让它们白死，要把它们的美记录下来，让更多人看到。于是，我把收集到的每一具鸟类尸体都用画笔记录了下来。

每年春秋迁徙季节，我们身边总会有鸟儿莫名地死掉，甚至是一群一群地死掉。它们的死因到底是什么？可能很多人也和以前的我一样弄不明白。

直到最近两年我才听说了一个新的词汇 bird collision，中文为鸟撞。但网络上能搜索到的绝大部分“鸟撞”都是指飞机、火车和汽车撞鸟的事件，英文为 bird strike，其实这些事件的发生概率相对比较小。比 bird strike 发生得更频繁也更为惨烈的是 bird window collision，也就是鸟撞玻璃。每年据估计至少有几千万只鸟因撞击玻璃而殒命，但我们可能从未耳闻。

我第一次捡到小鸟尸体是在 2017 年 5 月 19 日早晨。当时，我在夕照寺街的一栋建筑下面发现了这只蓝歌鸲。这个“小伙子”2016 年出生，还没能迎来自己的第一个繁殖季节。我感叹着：“它的翅膀闪耀着自由的光芒。它生前唱的歌一定很好听吧！”我四处寻找，想弄明白它的死因，并难过了一整天

据统计，鸟撞玻璃已经成为某些地区每年导致鸟类死亡的最主要因素之一。仅加拿大每年就有 1600 万 ~ 4200 万只鸟因撞击玻璃而丧生。中国和加拿大国土面积相当，我国每年又有多少鸟因撞击玻璃而丧生呢？没有统计数据，所以没有人知道答案。

鸟类为什么要撞玻璃呢？

根本原因是鸟类无法识别玻璃。玻璃会反射出周围的环境，比如天空或者树木的影像。鸟类误以为这些反射出来的影像是真实的，玻璃是可以通过的。于是，悲剧就发生了。它们撞到玻璃后会受伤，甚至直接死亡。

那么，我们有什么方法可以防止鸟撞玻璃呢？

（1）拉上窗帘或者关上百叶窗，这样可以降低玻璃的反射率，也能让鸟注意到玻璃。

（2）在玻璃上贴上带有一定间距的横线或圆点的贴纸，这样可以让鸟注意到玻璃的存在。

（3）夜间关灯或拉上窗帘，尽量避免人工照明吸引晚上迁徙的鸟。

目前，贴贴纸是改造玻璃防止鸟撞的最主要和有效的方法，但可能会影响室内的采光和窗户的美观。英国有公司设计出了一种专用玻璃，可以减少鸟撞。许多鸟类可以看到我们人眼无法识别的紫外线，科学家们就在普通玻璃中加入能够反射紫外线的物质或者加一层镀膜，使之能反射出猛禽或者蜘蛛网等图案。这样一来，

发生鸟撞而死亡的丘鹬

我们眼中的透明玻璃在鸟看来就是不同的景象。装上这样的玻璃之后既不影响室内采光和窗户的美观，也不会对鸟类造成威胁，能够起到很好的预防鸟撞的作用。遗憾的是，受限于生产成本，大规模推广防鸟撞玻璃还存在困难。

2018年，昆山杜克大学李彬彬博士团队在校园内启动了预防鸟撞玻璃的研究项目，项目内容包括收集迁徙季节鸟撞的数据，分析数据，总结发生鸟撞的位置，对发生过鸟撞和潜在易发生鸟撞的玻璃进行处理。

除在已知的鸟撞高发区域的玻璃张贴贴纸以外，他们还对学校二期的校园建设提出了建议，促成校方采用鸟类友好型的建筑设计：在新的设计中减少大面积玻璃幕墙的使用，对连廊部分采取特殊设计，对玻璃幕墙进行特殊处理。

我们是不是也可以行动起来，做一些有价值的事情呢？这个要好好思考一下。对于自然，我们应怀有深深的歉意。没有想到我们看似美好的生活方式，竟然给自然带来了这么多悲剧。希望人们可以尽快研究和推广更多更好的方法来避免类似的悲剧发生。也希望更多人参与到全国每年春秋季鸟撞调查的志愿者工作中来，感兴趣的朋友可以关注公众号“防鸟撞行动网络”了解更多关于鸟撞的信息。

雀鹰误以为玻璃中反射出来的影像是真实的，误以为玻璃是可以通过的，就会撞到玻璃上

孵蛋中的凤头䴙䴘

# 边跳舞边谈恋爱的凤头䴙䴘

**学名**：*Podiceps cristatus*　/　**门类**：䴙䴘目䴙䴘科　/　**体型**：中型鸟类

**生境及分布：**

除海南外，全国各地均有分布。在北方繁殖，到南方越冬。

**习性：**

一种中型游禽，常出没于水面开阔的淡水水域，喜欢潜水觅食，主要吃一些鱼虾。游泳时头会随着脖子前后晃动。

**识别特点：**

特征主要体现在头部。体型像鸭子，但喙又尖又直，虹膜为红色，眼先为黑色，看起来像是喙直接连着眼睛一样。雌雄外形相似，难以区别。在繁殖期，头部两侧羽色变为橙红色，头顶上会有一簇醒目的冠羽，遇到喜欢的对象便会经常打开。

鸟类可划分为6种生态类型：游禽、涉禽、猛禽、陆禽、攀禽、鸣禽。

游禽：脚上有蹼，善于游泳的鸟类。

涉禽：在浅水及滩涂湿地涉水的鸟类。

猛禽：有锋利的喙和爪，且以小型动物为食的鸟类。

陆禽：在陆地上觅食、行走的鸟类。

攀禽：善于攀爬的鸟类。

鸣禽：鸣肌发达，善于唱歌的鸟类。

春季，万物复苏，正是鸟儿们谈情说爱，忙着求偶和筑巢、培养下一代的季节。

求偶时，凤头䴙䴘会在湖面上演一场场精彩的表演。雄性凤头䴙䴘常常会叼一根蒲草献给雌鸟。雄鸟和雌鸟有时也会各叼一根蒲草，一起跳舞。有时候，它们会在水面上快速扑腾，将身体直立起来；有时候会打开冠羽，互相对望，甩甩头。这样的表演行为被称为“求偶仪式”。

双方确定配偶关系后，就会共同选址，由雄鸟搭建爱巢，雌鸟负责孵蛋。凤头䴙䴘搭建的巢漂浮在水面上，高出水面约十几厘米，直径约有一米。这么大的巢搭建起来绝非易事，可把凤头䴙䴘爸妈忙坏了。巢搭建成功后，雌鸟会一直趴在巢里孵蛋，偶尔下水整理一下巢材，加固巢穴。它时刻保持警惕，守护着巢和蛋。雄鸟则到处游荡。我曾想，为啥它什么都不干，光自己玩？后来一打听才知道，雄鸟负责在四周的水域巡逻，原来是在做很重要的安保工作呢。“游荡”也是在伺机捕食和寻找更多的巢材。它短则几分钟回一次巢，长则半小时甚至一两小时才回一次。每次回巢，它都会叼回一些新的巢材。雌鸟和雄鸟每次碰面会做一些简单的肢体交流，然后就又各忙各的了。

凤头䴙䴘求偶时叼蒲草献给对方

我曾连续几次去南海子公园观察那里的凤头䴙䴘一家。有几天没得空去，就听去过的学生说凤头䴙䴘和巢都不见了。我把消息告诉了一旁在家上网课的儿子，不一会儿他大哭了起来。我忙问："怎么啦？"他憋了半天才说出口："凤头䴙䴘的巢没了。"我俩抱在一起哭了半天。

到现在，我们也没弄明白凤头䴙䴘一家到底怎么了。因为它们的巢离岸边有二三十米，游客不太容易伤害到它们。

我为南海子公园这对孵蛋的凤头䴙䴘刻了一张麻胶版画。
它们让我想到养育子女的父母都是如此不易

正在给宝宝喂食的凤头䴙䴘。宝宝头部有着白色底黑色的横条斑纹，
看起来真是不太像凤头䴙䴘，倒像伸着脖子的黑白花斑蛇

总之，不管发生了什么，结果都是非常令人伤心的。凤头䴙䴘的宝宝没能降临到这个世界上。这个世界又少了一群可爱的鸟宝宝。

幸运的是，我在颐和园看到的凤头䴙䴘顺利孵出了宝宝。凤头䴙䴘妈妈背上驮着宝宝，在湖里游荡，凤头䴙䴘爸爸负责抓小鱼和小虾喂给宝宝们，宝宝们争先恐后地迎上去。等宝宝再大一点，凤头䴙䴘妈妈就会带着它们慢慢学捕鱼了。

## 鸟类求偶

鸟类求偶时会通过不同的手段来吸引异性，以达到交配和繁衍后代的目的。凤头䴙䴘的求偶仪式属于婚舞表演中的一种。

有个朋友跟我讲过一件趣事。有一年的 3 月，一只星头啄木鸟经常光顾她家，每天都来她家阳台上啄铁管。她很好奇，便问我这是怎么回事。我请教了关翔宇老师才知道，这也是一种求偶行为。星头啄木鸟通过啄铁管发出声响，以此声音和行为引起异性的注意。

我还在网络上看到过，有的雄鸟求偶前会筑一个巢，如果雌鸟不喜欢，雄鸟甚至不惜把巢毁掉再重新建造；有的雄鸟会把食物递到雌鸟嘴边，领情的雌鸟欣然接受时，雄鸟会趁其不备进行交配；还有一些鸥类和鸠鸽类雄鸟会通过反刍把食物喂给雌鸟进行求偶。

在我们看来，鸟儿们的求偶方式很有趣，但对它们来说，求偶是一种非常消耗体能的活动。有的鸟儿求偶后体重甚至会减轻 1/3。它们需要绞尽脑汁在异性面前展现各种能力，击败其他竞争对手。求偶期雄鸟会面临非常大的危险。它们此时拥有一年之中最鲜艳的羽色和最炫耀、最活跃的行为，也就更容易把自己暴露在天敌和人类面前。

雄性鸟类在求偶期外形比较夸张，羽色也比较夺目。雌性鸟类则拥有相对朴素的外形和暗淡的羽毛，这是它们的保护色。这样它们才能最大限度地保护自己在繁殖和抚育后代期间不受外来因素的干扰。

求偶中的凤头䴙䴘

冬天在公园冰面上吃泥鳅的雄性绿头鸭

# 羽毛能防水的游泳健将——绿头鸭

**学名：** *Anas platyrhynchos* / **门类：** 雁形目鸭科 / **体型：** 大型鸟类

**生境及分布：**

全球分布范围很广，大多数国家和地区都可以看到它们的身影。

**习性：**

在湖泊、河流、池塘、沼泽等淡水水域活动，喜欢群居，和其他鸭科鸟类混群。潜水能力较弱，会把头扎进水里觅食，主要食物为水生昆虫和水生植物。

**识别特点：**

体长 47 ～ 62 厘米，体重大约 1 千克，大小与家鸭相近。雄性绿头鸭头部、颈部带有绿色（结构色），在光线合适的情况下可见蓝色的金属光泽，脖颈基部有一圈白色羽毛，尾部有两缕羽毛明显向上卷翘。雌性绿头鸭特征不是很明显，全身满布灰褐色斑纹。

把头埋进水里取食的绿头鸭

绿头鸭是我们城市及周边水域最常见的野鸭子之一。虽然见得很多，但我们未必了解它们的故事。

考古证据显示，早在春秋时期，中国人就开始驯化绿头鸭，它可能是我们现在饲养的家鸭的祖先之一。

水生植物是绿头鸭的主要食物，它们经常把头埋进水里取食；如果在较深的水域，还会把上半身都扎进水里，只露出屁股和脚蹼在水面上扑腾。

绿头鸭经常在水里泡着，为什么不会弄湿羽毛呢？我刚开始观鸟的时候就想到了这个问题。

这和绿头鸭梳理羽毛的行为有关。梳理羽毛这件事对鸟类来说非常重要，它们每天都会做，绿头鸭也不例外。每次游完泳以后，绿头鸭会先在地上或者冰上抖掉身上多余的水分，然后就开始梳理羽毛了。它们梳理羽毛的方式和很多鸟有相同之处——把头往后拧，蹭身上的毛，或者用喙叼起羽毛来梳理。和其他鸟不一样的是，绿头鸭会用喙把尾脂腺分泌出来的油脂涂抹到羽毛上。油脂具有疏水性，涂抹了油脂的羽毛就具备了防水功能。这样一来，即使它们总在水里待着，也不会把羽毛弄湿。这也是绿头鸭擅长游泳的一大原因。

除了羽毛能防水，蹼也是绿头鸭游泳时的一大利器。我们都知道鸭子的蹼很宽大，这样的结构有助于把水向后拨，从而获得向前的动力。就像我们游泳时也会用手把水往身后拨一样。潜水员用的脚蹼就是根据鸭子脚蹼的结构设计出来的。

因为吃的食物与主要吃鱼的鸭子，如普通秋沙鸭有所不同，所以绿头鸭的喙的形状也和它们不一样。绿头鸭的喙是扁平的，扁平的喙有助于咬住水草和小型水生动物，喙边缘相互交错的凸起还可以过滤掉多余的水。而普通秋沙鸭的喙前端有个朝下的钩子，喙的周围还有较小的刺。这样的结构更有利于抓住鱼虾等猎物。擅长捕鱼的普通鸬鹚也有类似的带钩的喙。

绿头鸭和后面讲到的白头硬尾鸭都是在水面上捕食的鸭子。它们游泳的时候身体受到的浮力较大，吃水较浅，因此潜起水来很吃力，或者说潜水能力并不强，自然就很少潜水。还有另外一类鸭子——潜鸭则主要凭借潜水能力维生，因为它们游泳的时候身体吃水较深，很容易潜入水下活动。普通秋沙鸭就是个例子。

普通秋沙鸭（上）和绿头鸭（下）形态对比图。绿头鸭的喙是扁平的。而普通秋沙鸭的喙前端有个朝下的钩子，喙的周围还有较小的刺

### 为什么不要随意投喂野生动物

我家附近的龙潭公园就有很多绿头鸭，我几乎

每个月都会去看看它们。城市里的食物相对丰富和稳定，很多有迁徙习惯的绿头鸭也留下来了。绿头鸭和家鸭一起生活，很多已经被同化为家鸭了，只是身体上还具备了一部分绿头鸭的特点。纯正的绿头鸭很怕人，羽毛色彩比较鲜艳，身材紧凑、矫健。家鸭则脖子较长，臀部比较肥胖，羽毛纹理和色泽较杂。

谈到城市里食物的稳定，我就想起公园（包括动物园）里“禁止投喂”的指示牌。投喂动物的人都是满怀着善意和爱心的，为什么要禁止他们投喂呢？

这个问题的确有一点宏大。我仅就自己了解到

冬季的夕阳下，琉璃河湿地公园里的绿头鸭埋着头在休息

的信息聊一聊吧。

### 1. 食物健康问题

通常，我在公园看到人们投喂的食物主要是这几样——馒头、面包、饼干、火腿肠、蔬菜、水果，也有包装袋、烟头、石子这样明显不带好意的“食物”。我们投喂的大部分食物里都含有油、糖、盐和一些添加剂，或者是自然界里不易找到的食物。野生动物不是宠物，它们有自己的生存方式，不需要人类的食物。

### 2. 改变野生动物的生活习性

过度的投喂可能会改变野生动物的生活习性。从西伯利亚飞去昆明过冬的红嘴鸥就是个例子。因为人们的投喂，去昆明过冬的红嘴鸥数量逐年攀升，较 20 年前多了几倍。红嘴鸥的群体得到了壮大，一些原本不在昆明过冬的红嘴鸥也来了。一旦人们不再投喂，已经习惯来昆明过冬的红嘴鸥就可能引发更多生态问题。一步错可能导致步步错。

### 3. 破坏自然界的生存法则

投喂行为会改变动物获取食物的方式，也增大了它们被天敌袭击的风险。自然界的生存法则是优胜劣汰，能适应环境的就生存下来，不能适应环境的就被淘汰，我们不应过多地干预。

### 4. 污染环境问题

我在动物园和其他公园见到的投喂行为几乎都会带来不同程度的环境污染。动物们吃不完的食物和不吃的食物裸露在地面、水面上，或沉入水底，不光很难看，还会造成土壤和水质污染，带来更多安全隐患。

一般情况下，不要投喂野生动物。如果你家附近的自然环境还不错，在食物缺乏的寒冷冬季和鸟类繁殖季节，你可以在自家窗台上撒一点谷物、黍子等鸟粮。这些食物可能会给某些迁徙而来的鸟儿带来一片生机。在鸟类繁殖的季节，它们也需要大量的食物。如果一两天内食物没有被吃掉，就不要继续投喂了，避免食物浪费和可能造成的污染。

一对鸳鸯，前面的是雄性，后面的是雌性

# 鸳鸯真的很恩爱吗

**学名：***Aix galericulata*　/　**门类：**雁形目鸭科　/　**体型：**中型鸟类

**生境及分布：**

主要分布在亚洲的中国、日本、韩国、朝鲜和欧洲的俄罗斯等地。中国境内则在东部、中部地区比较常见。冬季在溪流或较开阔的水域活动，春季繁殖期则在森林及有河流的地区活动，也经常出现在城市公园。

**习性：**

除了繁殖季节之外，其他时候喜欢集群活动，会和其他鸭科鸟类混群。杂食性鸟类，主要吃植物的根茎叶、果实、种子和苔藓，繁殖期吃鱼虾、蛙类、昆虫及其幼虫。

**识别特点：**

雄鸳鸯实在是太花里胡哨了。上额为暗翠绿色，头顶为红褐色，大部分从上到下为白黄橙渐变色，颈部有一圈棕红色的“大围脖”。胸部为蓝紫色，有两条白斑。雌鸳鸯身体大部分呈褐色，眼睛周围有一圈白色羽毛，眼睛后面有一条较长的白斑。雌雄鸳鸯的蹼都呈黄色。

飞行中的雌（下方）、雄（上方）鸳鸯

很多人不清楚鸳鸯到底是个什么物种。其实鸳鸯从属鸭科，也是一种“鸭子”。雄性鸟类的羽毛色彩几乎都很鲜艳，鸳鸯也一样。雄鸳鸯相对雌鸳鸯来说，也更容易识别一些。

一次，我在龙潭公园看鸳鸯，旁边传来个声音：“鸳鸯还会飞呢，我还是第一次看到鸳鸯飞。”鸭子都会飞，鸳鸯当然也会。

鸳鸯不仅会飞，还会上树呢！为什么鸳鸯要上树呢？

原来，鸳鸯是在树洞里繁殖的。它们会在水曲柳、大青杨等树的天然洞穴里繁殖。它们选择的树洞通常离地面 10 ~ 18 米，繁殖期每次产卵 7 ~ 12 枚，孵化期 28 ~ 29 天。刚出生的小鸳鸯就像我们说的“丑小鸭”一样其貌不扬，但它们长得特别快，不久就能跟随爸妈活动了。有人误以为翅膀还没有长全的小鸳鸯是站在妈妈的背上，被妈妈驮到地面上来的。其实不然，小鸳鸯会“从天而降”，从树洞直接飞蹦到草地上，很快就能跟随妈妈在水里游泳，找吃的了。从这个角度来看，公园大树下的枝叶还是不要清理掉，万一小鸳鸯掉到水泥地上可就不妙了。

古代的人们看见雄鸳鸯和雌鸳鸯经常成双成对地活动，渐渐地，就把它们当作了忠贞爱情的象征。唐朝诗人卢照邻在七言古诗《长安古意》里就有一句将情侣比作鸳鸯的著名诗句：“得成比目何辞死，愿作鸳鸯不羡仙。”意思是若能和心爱的人像比目鱼一样缠绵，也就不害怕死亡了，如果能和鸳鸯一样相爱厮守，即使是凡人也不羡慕神仙般的生活了。不过在古代，成对的鸳鸯也有被比喻成志同道合的兄弟的。

其实，鸳鸯对“爱情”并没有像我们想象的那么忠贞。经过现代人的研究发现，在以鸭科为代表的水鸟之中，雄鸟在繁殖期可能会和不同的雌鸟交配，鸳鸯也是如此。而且照我们人类社会的观念来看，雄鸳鸯也不是一个负责任的好爹。它们完成繁殖任务后，就会四处玩耍，完全不顾家，留下雌鸳鸯独自照顾宝宝。

根据我的观察，北京城里的鸳鸯和野外的鸳鸯状态完全不一样。城里的鸳鸯跟人比较亲近，羽毛和体态更丰满。因为习惯了人们的投喂，城里的鸳鸯几乎不怕人，甚至会游到离人只有一两米远的地方。在野外自然环境里的鸳鸯体型更紧凑，有着更好的精神面貌，随时对人类保持警惕，身材也更矫健。但我怀疑有一部分野生鸳鸯可能会选择有充裕食物的城市居住，而不再选择自由。

顺带给大家介绍一下几个北京市内鸳鸯的观测点——北京动物园、圆明园、紫竹院、龙潭公园、北海公园，郊区则在潮白河、怀九河、怀沙河、十渡山涧溪流地区偶尔可以见到野性十足的鸳鸯。

冬天，鸳鸯经常和绿头鸭一起出现在城市的公园里。它们不是在冰面上休息，就是在水中嬉戏、捕食。冬季的北京最低气温甚至会降到零下二十几摄氏度，好奇的人们肯定会想，鸭子们站在冰上不冷吗？

冷，肯定冷。但冬季鸟类的目标就是：不要饿死，不要冻死。找吃的自然是最重要的事。它们需要不断寻找食物补充能量，保持较高的体温。

鸟类身体的核心部分温度大概在 40 摄氏度，但

单脚站在龙潭公园冰面上休息、整理羽毛的鸳鸯

如果脚部也保持这个温度，在冰面上活动时可能会因失温而死。它们能在冰面上站立的秘诀就在于血液流进脚部和流出脚部的血管靠得很近，以及全身血液会在跗跖里进行热交换。也就是说，从身体流向跗跖的血液温度较高，到了跗跖，血液的温度会降低到接近冰点，流回身体的血液又会被流出身体的血液加热。这样就相对减少了热能的损耗，所以鸟的脚才不会因寒冷而冻伤。

除此之外，鸟类还有其他方式保持体温。绿头鸭会在羽毛上涂油脂防水，保住体温。很多鸟类在冬天还会把羽毛弄得更蓬松，来保存身体核心部分的能量，晚上则在树洞或者裂缝中休息，并适当降低体温，减少热量的损失。还有一些小型鸟类晚上会挤在一起睡觉，这样就能有更多的生存机会。

你发现了吗？鸳鸯常常单脚站立，还有很多其他鸟儿也是如此。这是为什么呢？

很重要的一个原因也是为了维持体温。我发现龙潭公园的绿头鸭和鸳鸯，冬季较其他季节会更多地出现单脚站立的情况。它们的脚上没有羽毛，收起一只脚，就可以减少热量损失。

另外一个原因是，当鸟双脚站立的时候重心是靠前的，单脚站立的时候重心靠后，就会更稳。鸟儿们不仅会单脚站立，而且还会经常轮换站立脚，让两只脚轮流休息。

正在湿地休息的单脚站立的泽鹬

《烈日下的普通翠鸟》

此作品获 2021 年中国野生生物影像年赛——自然绘画单元 - 成人野生动物组亚军

# 捕鱼小能手——普通翠鸟

## 学名：*Alcedo atthis* / 门类：佛法僧目翠鸟科 / 体型：小型鸟类

**生境及分布：**

除新疆南部、西藏、四川西部、内蒙古北部等地区外，全国均有分布，栖息于河流、小溪、湖泊等水域。

**习性：**

经常单独行动，适应性强。

**识别特点：**

体型较小，体长 15 ～ 18 厘米。喙的长度和头部的直径差不多。上体及背部在不同光线的照射下呈绿松石色、蓝褐色。颊部及前胸为橙黄色。雄鸟喙为黑褐色，雌鸟下喙局部有橙黄色。

我们几乎在任何季节都能看到伫立在水域旁边等待捕食的普通翠鸟。

2014 年 1 月，我去圆明园观鸟，在后湖边看到远处一只普通翠鸟朝我这边飞过来，飞行速度极快，几乎是笔直冲过来的。它飞到我附近的石头上站住，面对着湖。此时的湖面一半已经结冰。冬季的低温会给普通翠鸟的捕食带来一些影响。它们主要吃鱼虾，如果湖面结冰，就没办法捕食了，所以它们冬季会飞到一些没有结冰的水域生活。

这只普通翠鸟在石头上站了一会儿，又飞到了

冲进水里捕鱼的普通翠鸟。普通翠鸟会在冲向水面的一瞬间打开瞬膜。瞬膜位于眼睛内侧，是蓝色透明的。打开瞬膜之后，翠鸟在水下就可以看得更清楚，同时也保护了眼睛。我猜这就跟人游泳时会戴上泳镜一样吧。鸟类都有这样的瞬膜，它的主要功能是防风防尘，遇到危险时也可以保持眼睛的湿润和清洁

捕到鱼的普通翠鸟

附近浅滩的树枝上。它一动不动地注视着水面，低头寻思着什么。突然，它俯冲到水下，叼着一条小鱼飞起，又迅速飞回原来站的树枝上。它的速度太快了，我连相机都还没准备好，它就已经完成了这一套动作。

原来，普通翠鸟如果发现水下有鱼，就会预判好鱼的准确位置，然后俯冲下去抓鱼。据说，如果普通翠鸟飞行技术不好或是捕鱼技巧不足，可能会被鱼拖下水去，把自己置于险境，甚至淹死。

普通翠鸟捉到鱼后并不会马上吃掉。它会先叼着鱼在树枝上甩来甩去，甩一会儿再吞下去，大概是要等鱼不再挣扎了吧。吞鱼的顺序也是有讲究的。它会调整好鱼的位置，从鱼头开始吞咽。普通翠鸟没有牙齿，无法咀嚼食物，只能吞食。从鱼头开始吞咽的好处是，鱼表皮上的刺不会扎到喉咙和食道。普通翠鸟遇到消化不掉的食物，比如鱼刺、鱼骨，也会像猫头鹰一样把它们裹在食丸里吐出来。

鸟的消化能力很强。它们会快速消化掉食物并把食物转化为能量，再把残渣排泄出去，这样可以有效减轻体重，便于飞行。所以在观察普通翠鸟的时候，经常会看见它们起飞前的最后一个动作就是拉一泡尿。小小翠鸟很聪明！不仅是普通翠鸟，很多鸟都有这样的习惯，当我们了解了之后，就可以预判鸟什么时候会起飞。这样就能提前做好拍摄计划了。

### 找鸟的一点小提示

我觉得普通翠鸟是一种既常见又不常见的小鸟。为什么这么说呢？就跟很多鸟类一样，如果你没找对地方，可能不论去看多少次鸟，都找不到。如果你熟悉它们的栖息地，就会容易找到一些。

但凡事都不是绝对的。鸟会移动，不会只待在一个地方等你去发现。再者，如果你没能事先发现它们，又不小心走近它们的栖息地，它们就会被惊飞，这样就不利于观察了。所以在观鸟的过程中，每到一片区域，我们都需要把节奏放慢，提前用望远镜观测好鸟的位置再行动。这样就有把握多了。

在找鸟的过程中，除了要提前做好判断和放慢节奏，我们还要尽可能不穿颜色鲜艳的服装，尽可能不发出声响。如果提前发现鸟，就要走得慢一点，弯着腰，甚至匍匐前进。人越少越好，目标小一点，鸟儿就更容易降低警惕性。

无论怎么小心，鸟儿基本上都会发现你。动作越大，它们就会越警觉。一旦鸟儿过度警觉，就会飞走。所以在观鸟的过程中，和鸟儿保持一定的安全距离是非常有必要的。

当然，即使你做好了一切准备，依然无法保证结果是完满的。比如雉鸡这类比较警觉的鸟就隐藏得非常好。即使你很早就发现一只雉鸡飞进了某个草丛，寻着路走近，依然很难发现它的具体位置。但当你走得非常非常接近它的所在地时，它就会突然起飞，吓你一跳。所以，有时候与其猛追，不如安静地等一会儿，这样鸟儿呈现出来的状态会更自然。

随着观鸟经验的不断积累，慢慢地，你就会知道什么季节在什么地方可能会发现什么样的鸟。比如普通翠鸟生活在水边，一般会站在水边低矮的树枝或岩石上，所以你必须去水边才可能发现它们。比如你要找长耳鸮，那么应该在北方冬季的柳树、松树等树上找，它们一般白天会站在树枝上休息。

手持望远镜观鸟的我

再比如你要找短耳鸮，就要知道它们白天基本上都会躲在低矮的荒草中。草原上的纵纹腹小鸮往往不是站在电线杆和牛粪上，就是在废弃的屋檐下。之所以它们可能会站在牛粪上，是因为牛粪的地势略高于地面，哪怕只比地面高出那么一点点，也可以有相对好的视野来发现猎物。

不同的季节，一个地点会出现不一样的鸟类。即使去同一地点，每次发现的鸟类都会有所不同。这真是一件很奇妙的事情。所以观鸟的过程中可能会惊喜不断！

8 月，正在抚育宝宝的家燕

# 穿花衣的小燕子——家燕

## 学名：*Hirundo rustica* / 门类：雀形目燕科 / 体型：小型鸟类

**生境及分布：**

活动于农田和荒野、城市及郊区。我国大部分地区均有分布。

**习性：**

喜欢在水源地附近活动，在屋檐下筑巢。

**识别特点：**

额头、喉部为栗红色，下体为白色，头和上体为靛青蓝色。身形纤细，尾羽较长。

“小燕子，穿花衣，年年春天来这里。”《小燕子》这首大家耳熟能详的儿歌，想必会勾起大家很多童年的回忆。

人们常说的小燕子可能就是“家燕”，它们喜欢在古建筑和屋檐下筑巢。我记得外婆家屋檐下和堂屋的屋角处就曾经有过燕子窝。30多年前，我家所在的小县城家燕还是很多的。

近年，我曾经在山东海边的某家餐厅屋檐下观察到几个家燕的巢，彼此间隔2～3米。亲鸟冒着雨出去捕食。它们飞得太快了，捕食的场面我无法看清，也不知道它们是怎么飞着飞着就吃到小虫子的。每隔几分钟或者10分钟，亲鸟就会飞回来喂小宝宝。一个窝里的3只家燕小宝宝见妈妈回来了，张嘴大声叫，争着被喂食。喂完小宝宝后，亲鸟又飞走继续寻找食物。小宝宝们则乖乖地在窝里待着，时不时来到巢边，撅着屁股冲着巢外拉臣臣。亲鸟也会把小宝宝拉在巢内的臣臣叼出去，保持巢内的清洁。

飞行中的普通雨燕

# 飞行高手——普通雨燕

## 学名：*Apus apus* / 门类：雨燕目雨燕科 / 体型：小型鸟类

### 生境及分布：

我国北方大部分地区有分布。野外和城镇均可以见到。

### 习性：

经常集群活动，在空中捕食、求偶、交配。野外的普通雨燕几乎都在崖壁上筑巢，城市里的普通雨燕大都在高大的古建筑屋檐缝隙处筑巢，有的也会在立交桥缝隙中繁殖。

### 识别特点：

叫声很像快速拉长了的英文单词“three——”的发音。

这两年，我常常去懒惰印制版画工坊做版画。每次去版画工坊，路过通惠河北路时，就会听见普通雨燕的叫声，循着声音很快就能找到它们。在送孩子去学校的途中，我会路过光明桥，常常可以看到普通雨燕在护城河上自由飞翔。

虽然经常见到普通雨燕，偶尔晚上还会梦见它们，但我一直没给它们拍照。按说鸟都送上门了，怎么也应该多观察一下。

后来，我就常常去光明桥和龙潭公园观察普通雨燕。它们早晚比较活跃，可能因为那是一天中活动的虫子最多的时候，捕食容易。有时候，它们会飞得离人很近，最近的时候甚至距离人只有 1 ~ 2 米。它们的飞行速度很快，我经常能感受到一股凉风吹过，等反应过来的时候，它们早就飞得不见踪影了。

我拍摄到的普通雨燕，有的嘴巴里鼓鼓的。后来我查询了专业书籍才得知，原来它们嘴里全是小型昆虫，一次可以装几百只！它们每天可以捕获约 7000 只小型昆虫。

以前，我在龙潭公园怎么也拍不到普通雨燕的照片，就连镜头框都捕捉不到它们的身影，更不用说用相机对焦了。它们的飞行速度能达到 110 千米 / 时，实在是太快了。

后来我找到了拍摄的技巧：

1. 找背景相对干净的环境，这样相机比较容易对焦；

2. 把握住普通雨燕的飞行规律，它们经常三五成群地沿着一个相对固定的路线飞行；

3. 在普通雨燕飞行方向的一侧跟踪拍摄会比较容易捕捉到影像。

在光明桥下公交车站上空飞行的普通雨燕

两只普通雨燕一起飞行

找到技巧，拍摄起来就容易许多，大概按 1000 次快门可以拍清楚几十张照片。虽然长时间的等待会弄得肩膀酸胀，而且成片率依然不算高，但能拍到清晰的普通雨燕还是很值得的。

1870 年，英国博物学家郇和首次采集到普通雨燕在北京的亚种[③]标本，从此该亚种被定名为 *Apus apus pekinensis*，也就是北京雨燕。*pekinensis* 是“北京”的意思。*apus* 的意思是“没有脚的燕”，其实普通雨燕并不是没有脚，只是它的跗跖很短，且 4 根脚趾都朝前，这样的生理结构导致它们落地后几乎不能在地面上起飞或行走。它们起飞的时候都是从屋檐等高处向下俯冲，借助上升气流把身体托起来。如果一不小心落到草丛里，基本就是死路一条。所以，它们几乎一生都在飞行。

根据我的观察，绝大部分时间，普通雨燕的确都在飞行，但偶尔也会到亭子或立交桥缝隙中休息一会。它们飞行的时候都在捕捉虫子。中午太热太晒，所以它们早晚会比较活跃。除了高速飞行，它们还会低飞，将嘴巴贴在水面喝水和吃昆虫。

③ 某个种之中表型上相似的种群的集群，栖息在该物种分布范围内的次级地理区，在分类学上和该种的其他种群不同。——编注

每年春天，约3月底4月初，普通雨燕会来北京繁殖，夏秋飞往南非越冬。它们还是2008年北京奥运会吉祥物妮妮的原型。虽然是奥运会吉祥物，但普通雨燕过得并不好，30年前北京有几万只，近年仅剩几千只了。普通雨燕数量减少的主要原因在于城市的扩张导致带屋檐的老房子和古建筑减少。为了保护古建筑，人们又在它们外围安装了防护网。这些环境的改变都使得普通雨燕无处筑巢。近几年，普通雨燕开始适应城市的变化，一些选择在天桥和立交桥下筑巢，数量又有所增加。

普通雨燕每年会在南非过冬，2月路过赞比亚，飞往刚果，3月途经乌干达、南苏丹、埃塞俄比亚，跨越红海，飞往沙特阿拉伯，又从沙特阿拉伯途经伊拉克、科威特、伊朗、土库曼斯坦、乌兹别克斯坦、哈萨克斯坦和蒙古国飞到中国。到达北京之后，它们会度过繁忙的3个月左右的繁殖季节，在秋天来临前又开始折返。

2014年，中国观鸟会的志愿者们通过给普通雨燕佩戴光敏定位仪收集的数据显示，每年普通雨燕都会沿着相似的路线迁徙，迁徙的单程距离超过16000千米。真是了不起的鸟儿啊！小小的身体之中竟然蕴含着这么大的能量。

2023年夏天，在颐和园展开的北京雨燕科学调查环志工作。工作人员从零点一直忙到天亮

### 燕窝

说起燕子，就不得不提燕窝。燕窝的产地主要是东南亚的印度尼西亚和马来西亚。因富含蛋白质和多种氨基酸，它一直被人们视为滋补品。中国也逐渐成了全世界燕窝消费量最大的国家。

燕窝其实就是几种金丝燕将唾液、绒羽等混合凝结筑成的鸟巢。金丝燕喉部有很发达的黏液腺，可以分泌出唾液。唾液在空气中凝结成的固体就是燕窝的巢材。金丝燕通常需要一个多月才能完成鸟巢的建造。

而经科学家证实，燕窝的营养价值非常有限，性价比极低。我们从日常吃的食物中获取的营养完全可以取代从燕窝里获取的蛋白质和氨基酸。

加工过的燕窝

### 普通雨燕和家燕的区别

家燕是雀形目燕科，普通雨燕是雨燕目雨燕科。它们是两种不同的鸟类，没有亲缘关系。

普通雨燕体型更大，尾羽更紧凑，较短，家燕的尾羽较长，尤其成鸟的最外侧两根尾羽极长，呈线状；

普通雨燕的翅膀狭长一些，家燕的则宽大一些；

普通雨燕飞得更高，家燕则低空飞行；

普通雨燕飞行速度更快，能达到 110 千米 / 时；

普通雨燕是攀禽，家燕是鸣禽；

普通雨燕四趾朝前，家燕三趾朝前一趾朝后；

普通雨燕在非洲南部越冬，家燕则在东南亚过冬。

天坛公园的珠颈斑鸠站在落了雪的忍冬树枝上

# 随意下蛋的野鸽子——珠颈斑鸠

## 学名：*Spilopelia chinensis* / 门类：鸽形目鸠鸽科 / 体型：中型鸟类

### 生境及分布：

中国的中部和南部所有省份均有分布。栖息于城镇和村庄、开阔地和林地，经常在人类活动的区域活动。

### 习性：

留鸟，不会迁徙。多在地面采食，偶尔也会三三两两站在树木枝头休息。叫声为“咕咕——咕咕——咕咕——”，比较容易识别。吃得比较杂，主要吃谷物，也会吃一些小型昆虫。

### 识别特点：

体型跟鸽子差不多，行为习性也和鸽子很相似。颈部和前胸为脏粉色。与其他鸠鸽科鸟类最大的不同是，颈部两侧有黑色底纹和白圆圈斑纹（白斑的形状像珠子）。

珠颈斑鸠不算特别怕人。如果你在公园里看见它们在远处的地面啄食，只要你不动，它们就会一直无视你的存在。

记得我上高中和大学那会儿，我们家楼顶散养了很多鸽子。我平时住校，每次回家，爸爸都会去弄两只鸽子给我炖汤。我也偶尔听到爸爸讲，总有野鸽子跑到我家来吃饭。我想爸爸说的野鸽子应该就是城镇里最常见的“鸽子”——珠颈斑鸠了。

今年春天，朋友库库在群里发了一些珠颈斑鸠的照片和视频，一只珠颈斑鸠竟将巢搭在了他家阳台外的空调架上。珠颈斑鸠的爸爸妈妈轮流孵蛋，哪怕下雨也照常进行。真替珠颈斑鸠捏一把汗，这样的巢不是特别稳，宝宝出生后恐怕也有坠落的风险。

我将照片放大，看到巢几乎都是用铁丝做成的。我不确定珠颈斑鸠是觉得铁丝做的巢更稳固，还是找不到更好的材料了？希望是前者。我也看到过喜鹊用铁丝筑巢。我常常见到掉落的枯树枝第一时间就被清洁工人清理掉了，至少可以说明合适的巢材并不容易找到。

库库还给我发了一段视频，珠颈斑鸠正在孵蛋，突然响起一阵“嗒嗒嗒”声，不知道从哪里飞来一只红隼，扑向正在孵蛋的珠颈斑鸠。我放慢视频播放速度，看了好几遍才看清，红隼扑到了珠颈斑鸠，幸亏珠颈斑鸠反应快，只被抓掉了几根尾羽。红隼在巢边稍作停留，没有吃鸟蛋就飞走了。没多久，珠颈斑鸠冒着风险又回来孵蛋了。野生动物生存不易！

在空调架上顶着大雨孵蛋的珠颈斑鸠

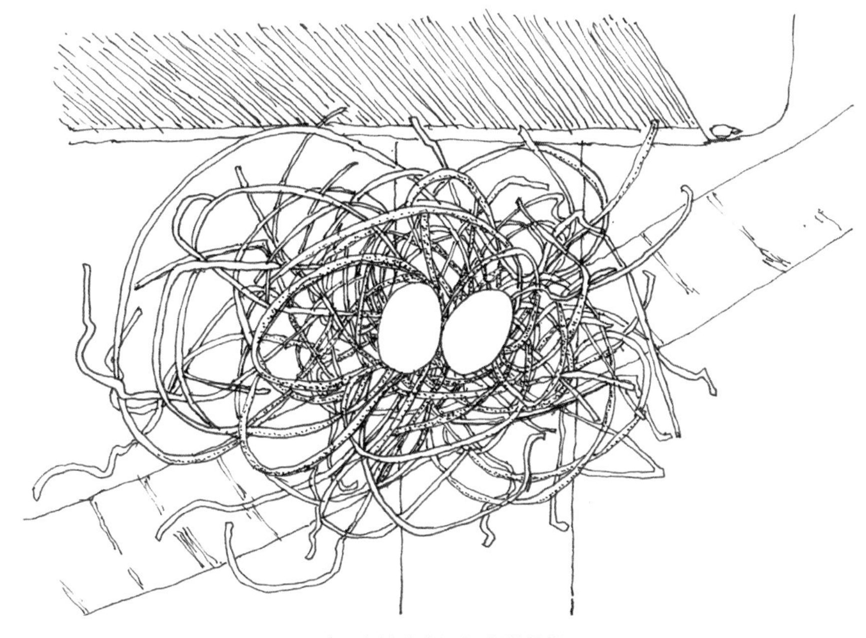

珠颈斑鸠在空调架上搭的巢

珠颈斑鸠的繁殖行为通常被鸟类爱好者称为“随地大小蛋”，意思是说它通常是“随便”找了个地方就下蛋了。它们的巢址在我们看来真是太随意了，有在人家阳台上下蛋的，有下在人家窗台花盆里的，还有直接下在地面上的。不光选址很随意，筑巢也是差不多就得了的那种，几根草一搭就算成了。

## 鸟类喂食器

前两年，我买了一个小型喂食器，往里面放了些杂粮，把它放在阳台的窗户外。一开始，我也不知道会吸引什么小鸟过来吃。经过一段时间的观察，我发现能被吸引过来的基本上就是麻雀和珠颈斑鸠，偶尔也会有喜鹊过来。我感觉喜鹊应该不太爱吃这些。

每年春季是小鸟们来我家最频繁的时候，可能因为繁殖期它们需要大量食物。基本上只要一撒食，当天就会有小鸟来，一般都不是一只一只地来，而是一下来两三只，甚至是一大群。珠颈斑鸠和麻雀都有跟同类分享食物信息的习惯。所以没两三天的工夫，满满的喂食器又变得空空如也了。

我还发现，有两个时间段最容易在阳台窗户外见到小鸟来吃食。一个是早晨 7—9 点，再就是下午 2—5 点。我不确定是不是因为我家阳台朝东南方向，早上光线弱，比较凉快，它们会来取食；太阳升上来后温度高了，它们就换地方活动；过了正午，阳台上有阴凉，它们就又回来了。

珠颈斑鸠和麻雀在吃喂食器里的杂粮

关于喂食器，我曾经的设想是，如果春秋季有迁徙的小鸟飞来，它们就可以从喂食器里取一些食物补充体力，岂不是很好？就算没有迁徙的小鸟来我家，珠颈斑鸠和麻雀来吃点儿也是好的啊！（毕竟它们是猛禽们爱吃的食物，喂好了它们，是不是猛禽也会过得好一些呢？）

但我也曾经多次质疑这件事正确与否。第一个疑问是：如果有喂食器了，鸟儿们每天来吃我的补给，会不会赖着不走？第二个疑问是：我的行为是否会影响到它们的正常行为？第三个疑问是：我的投喂会不会伤害到它们？我咨询了专家和朋友，在查询了一番资料后，得出了如下结论。

第一个问题：珠颈斑鸠和麻雀，甚至迁徙的鸟都不会赖着不走。鸟类有自己的行为本能，并不会因为一个地方的食物资源丰富而改变行为。

第二个问题：我的行为可能会影响到它们的正常行为。但是在迁徙和繁殖季节，适当地给小鸟补充一些食物，对于它们来说，利大于弊。

第三个问题：投喂的食物如果符合鸟的日常饮食规律，就对鸟没有伤害。但要注意喂食器不要放在窗户底下，以免鸟类接近窗户时发生鸟撞。

在平台上驻足的珠颈斑鸠

想象中的长耳鸮站在天坛雪后的柏树上的样子

# 萌萌的猛禽——长耳鸮

## 学名：*Asio otus* / 门类：鸮形目鸱鸮科 / 体型：中型鸟类

**生境及分布：**

国家二级保护野生动物。栖息于针叶林、针阔混交林和阔叶林，也会在城市公园、郊区、村落等地活动。除高原和海南外，我国大多数地区均有分布。在北方繁殖，到南方越冬。

**习性：**

冬季有时成群栖息。白天在林间休息，傍晚和夜间捕食。

**识别特点：**

和其他猫头鹰长得差不多，扁扁的脸盘子，虹膜为橙红色，头顶上有一对“耳朵”，它们并不是长耳鸮真正的耳朵，而是毛，叫耳簇。叫声是持续的“呜——呜——呜”。

猫头鹰其实不是指某一种特定的鸟，而是鸮形目鸟类的通称。我见过比较多的猫头鹰就是长耳鸮了。

2014 年 5 月，我第一次在新疆见到长耳鸮，在“守护荒野”的志愿者们发现的一个固定观鸟点，每年长耳鸮都会来此繁殖。长耳鸮宝宝从巢里探出头来，好奇地看着我们。跟我想象中的鸟宝宝有点儿不一样，它们浑身长着羽绒一样的软毛，脸没有长开，耳簇尚未成型，大大的鼻孔没有羽毛遮挡，看起来丑丑的。

长耳鸮宝宝浑身长着羽绒一样的软毛

每年冬季我都会去北京郊区找长耳鸮。在通州北京城市副中心所在地的一片人工种植的油松林里，一共栖息着 4 只长耳鸮。我很纳闷，油松林是新种的，周围全是草坪和新房子，怎么会有长耳鸮呢？后来听猫盟的宋大昭介绍，那附近有一大片即将开发的荒地，长耳鸮白天在树上睡觉，傍晚就去附近的荒地捕食。

长耳鸮行踪比较隐秘。找长耳鸮，除了在树上找，还需要考察其他环境，比如看树下有没有猫头鹰食丸。食丸是猫头鹰的呕吐物，里面有一些无法消化的动物骨头和毛发。很多猛禽、鸥和鹭都有吐食丸的习性。大多数猫头鹰在傍晚开始热身，夜晚捕食，白天睡觉、消化食物、吐出食丸。我观察过它们吐出食丸时的样子，十分轻松，似乎不像人呕吐那样痛苦。

猫盟（Chinese Felid Conservation Alliance, CFCA）是由生态爱好者和科学家共同成立的民间志愿者团队，以科学保护中国 12 种本土野生猫科动物为目标，是国内猫科动物调查和保护经验最丰富的团队之一。“猫盟 CFCA”公众号这几年全程跟踪报道通州大鸨事件，不仅给大家科普了大鸨的相关知识，提供了专业依据，还为通州大鸨所在的水南村提出了很多关于湿地保护的建设性意见。

油松下长耳鸮的食丸

用放大镜观察长耳鸮食丸里细小的骨头

长耳鸮的食物主要是鼠类，也会以蝙蝠和小型鸟类为食。有一次，我捡回了几个食丸，想拆开看看它们都吃了些什么[4]。

儿子对我带回家的长耳鸮食丸非常感兴趣。我们一起花 2 个小时拆开了 3 个食丸。我们先戴上口罩和手套，小心地把食丸放在白纸上，再用镊子轻轻拨开。我们发现食丸里大部分都是动物毛发，一小部分是动物骨骼，大多只有几毫米长。我请教了宋大昭后才知道，原来这些是几种田鼠的骨头。

如果把骨骼还原成骨架，大概是下图这个样子。

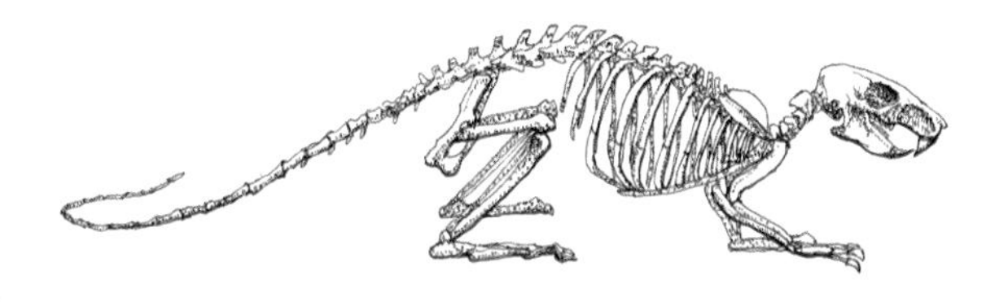

田鼠骨骼还原示意图

如果你试图快速接近长耳鸮，它可能会马上飞走，或者露出下页图中的表情：瞪大眼睛，竖起耳簇。人们可能觉得这样的长耳鸮很可爱，但其实这是它们受到惊吓或威胁的样子。如果在野外见到野生动物，我们要先花一些时间来适应彼此的存在，不要太快接近它们。自然状态下的动物才是最美的。

---

④ 捡拾自然收集物有一定风险，请在专家指导下进行。在野外捡拾动物的粪便、羽毛、食丸等东西一定要注意防护，不要用手直接拿。事后还要注意消毒和手部清洁，因为这些东西可能携带病菌。鸟类可能从几千乃至上万千米之外的地方迁徙过来，身体里携带着曾经去过的地方的地域信息。——作者注

猫头鹰的头部可旋转 270 度

## 猫头鹰的特征

包括长耳鸮在内的猫头鹰有一些特征是很多动物所不具备的。比如猫头鹰的头可以旋转 270 度，这要得益于它们长长的颈椎。人类的颈椎只有 7 节骨头，而猫头鹰的有 14 节，比人类多一倍。所以它们的头不仅可以转向身体后方，还可以倒立。

猫头鹰之所以那么可爱，跟它们的眼睛有很大的关系。如果你仔细观察猫头鹰或者看照片就会发现，它们的眼睛总是盯着人或镜头看，但并不是它们愿意盯着人或镜头看，而是因为它们的眼球不会转动。人类的眼球是球形的，而猫头鹰的眼球是圆柱形的，不能在眼眶里转动，就像一架望远镜，所以它们只能通过旋转头部来看周围的东西，这就使得它们的颈部进化得很发达。

猫头鹰的视力在夜间很好，但是白天就不太行了。2020 年，我在内蒙古乌尔旗汗观察乌林鸮的时候，鸟导张武老师告诉我：“乌林鸮看你的时候你不要动。”白天，猫头鹰主要依靠听觉来判断有没有威胁。只要你不动，它们就不会特别警觉，即使惊醒了，又会马上睡过去。这时候，我们就可以尽情观察了。

猫头鹰的听觉非同寻常。人的两只耳朵高度基本一样，位置对称。而猫头鹰的左右耳朵高度是不

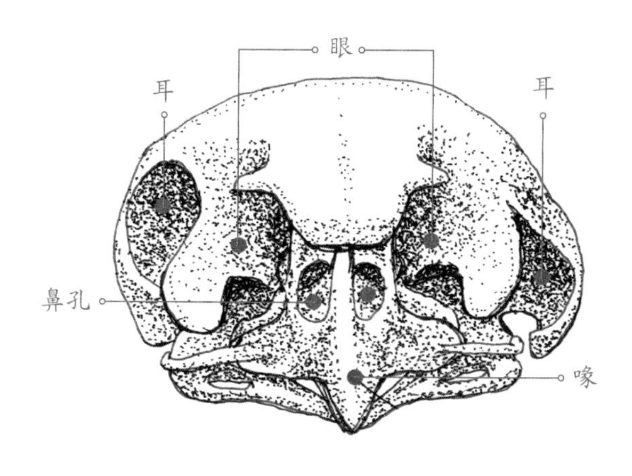


猫头鹰的头部结构示意图

一样的，声音通过高度不同的两只耳朵传输到大脑，大脑就可以更精准地定位声音来源。据说乌林鸮可以感知到雪地之下几十厘米处田鼠的声音，从而准确地抓住猎物。

羽毛也是猫头鹰强大的武器。大多数鸟类飞行时会发出声音，但猫头鹰几乎不会，这得益于它们羽毛的特殊构造。锯齿状的轻柔羽小枝有助于引导和稳定气流，从而达到降噪的目的，这使得它们飞行时产生的声音频率小于1000赫兹，大多数哺乳动物都听不到这么低频的声音。猫头鹰就可以悄无声息地接近猎物而不被发觉。

猫头鹰的力气大得惊人。我以前看过一个用红外相机在晚上拍摄的视频，一只雕鸮飞过来，瞬间抓走了在峭壁上睡觉的大鵟。它俩个头差不多大，白天雕鸮怕大鵟这类鹰形目的猛禽，晚上就是雕鸮的天下了。

看到这里，你是不是也觉得猫头鹰特别强大呢？

你可能会觉得猫头鹰在我们身边好像并不常见，但其实中国分布着2科12属32种猫头鹰。一方面是因为猫头鹰在夜间活动，不容易被人发现；另一方面也是因为它们确实很少在城市里安家。但随着人们越来越关注身边的野生动物，越来越多平时“看不到”的野生动物也会出现，比如近年雕鸮就频现于南海子公园。

不过，城市里的野生动物处境还是异常艰难的，比如天坛公园的长耳鸮。20年前，天坛公园的长耳鸮有50只以上，十几年前就只剩下二三十只了，最后一次被目击是2015年。平日去天坛公园娱乐、健身的人越来越多，合唱团、练舞者，甚至还有挥舞鞭子的，太吵太闹，长耳鸮无法习惯这样的噪声。还有很多摄影爱好者不顾动物的感受，大声喊叫，扔石子，逼迫长耳鸮飞行，就为了拍一张“大片”。据说天坛公园的灭鼠行动也给长耳鸮带来了沉重的打击。人们对田鼠下毒，长耳鸮吃了田鼠之后也中毒了。天坛公园从此以后就再也没有人见过长耳鸮了。

通州的那片荒地即将开发，来此过冬的长耳鸮也即将消失。荒地没了，长耳鸮没了食物和生存空间，就不得不离开。城郊荒地逐年减少，导致包括长耳鸮在内的野生动物的生存越来越艰难。希望我们的城市建设者在做一些决策之前，也多为生活在这里的野生动物们考虑一下吧！

初春，一只在奥森的雀鹰正在洗澡

# 雀鹰和其他猛禽的特殊技能

**学名：***Accipiter nisus*　/　**类目：**鹰形目鹰科　/　**体型：**中型猛禽

**生境及分布：**

国家二级保护野生动物，广泛分布在我国大部分地区，城郊也比较常见。部分会迁徙，部分是留鸟。

**习性：**

经常单独行动，常栖息于树顶或电线杆上。主要以小型鼠类、鸟类和昆虫为食。

**识别特点：**

体型中等，体长 30 ～ 40 厘米，尾部显得较为修长。雄性翅膀和背部呈蓝灰色，脸颊为橘红色，雌性体型更大，上体为灰褐色。

我有两次比较近距离地接触雀鹰的经历，一次是画一只撞玻璃而死的雀鹰。另一次是在初春的奥森，一只雀鹰飞到我前面大概10米远的浅水沼泽区，停下来趴在地上，半分钟都没有什么动静。猛禽一般不会飞到距离人类这么近的地方，这种情况难得一见。几位路人也停下来和我一起围观。我心想它怎么不动，也不怕人，难道是受伤了？我马上联系了小关老师，他让我再等等，观察观察。刚请教完，我就发现它在水里站起来，不停地扇动翅膀，把水往上扑腾，持续了两三分钟才飞走。我趴在地上观察到了整个过程，太令人兴奋了。

雀鹰是猛禽，属于鹰形目鹰科，而传统意义上的猛禽是鹰形目、隼形目和鸮形目鸟类的统称，包括鹰、雕、鵟、鸢、鹫、鹞、鹗、隼、鸮、鸺鹠等。猛禽的英文 raptor 的意思是食肉的鸟类，源自拉丁文 rapac，有掠夺、贪婪的含义。猛禽确实是以捕猎为生的食肉动物，是鸟类中的顶级掠食者。它们繁殖率低，个体成长时间比较长，单位面积内能承载的猛禽数量相对较少，例如金雕（鹰科雕属的一种大型猛禽）的领地可以达到100平方千米以上。猛禽

撞玻璃而死的雀鹰。万万没想到，雀鹰这样的猛禽也会撞玻璃而死

位于食物链顶端，它们的活动范围内必须有充足的猎物，它们可以控制食物链中下层的鼠、兔和小型鸟类等的种群数量，在自然生态链中起到了不可或缺的作用。

猛禽里速度最快的当属隼形目，人们记录到游隼的俯冲速度可达300多千米/时。体型最大、白天视力最好的是鹰形目，鹰的视力是人的5倍。听力最好、夜间视力最好的是鸮形目，也就是猫头鹰，它们甚至可以听到地下的田鼠活动的声音。

很多鸟类可以看见人类看不见的紫外线，不同的鸟类会看到不同波长的紫外线。猛禽也能看见紫外线，比如鹰能发现5千米外老鼠或兔子的尿液反射的紫外线，从而判断猎物的活动范围，增强巡逻。一旦有机会，它们就会迅速俯冲，用双爪紧紧抓住猎物。猛禽的爪子呈钩状，一旦猎物被抓获，就很难逃生。抓住猎物后，它们会找一个相对安全、没有其他动物抢夺食物的地方慢慢享受。猛禽除了拥有强有力的弯钩爪子，还有可以轻易撕开肉的喙。猛禽救助中心的工作人员在救助猛禽的时候都会戴上厚厚的手套，防止被抓伤；还会给它们戴上头套，罩住眼睛，防止它们受到惊吓，产生应激反应。

猛禽的力气很大。我的一个朋友曾在北京的幽州大峡谷拍到了金雕抓狗獾的视频，看了之后我不禁感叹，金雕太厉害了！狗獾的体重有5～15千克，而金雕只有2～6.5千克，金雕要带着比自己还重的猎物飞行，没有超强的本事是不行的。草原上的金雕和草原雕还会因地制宜，抓牧民养的小羊羔来抚育宝宝，它们可能还没小羊羔重呢。

在平原地带，如果不借助风，猛禽原地起飞是非常消耗体力的。一系列的起飞动作会耗费它们很多体力，所以它们更多时候会依靠上升气流起飞和盘旋。山崖附近容易形成上升气流，风吹到山崖侧

我国部分城市成立了猛禽救助中心，如北京猛禽救助中心，这是北京市园林绿化局指定的“专项猛禽救助中心”，也是国内第一家由高校、政府主管部门与民间机构合作成立的野生动物专项救助机构。猛禽救助中心为受伤、生病、迷途以及在执法过程中罚没的猛禽提供治疗、护理和康复训练，并以放飞为最终目标。我们在野外碰到需要救助的猛禽，千万不要自己动手，一定要第一时间联系当地的猛禽救助中心或林业相关部门。

黑鸢借助上升气流飞行

生活在城市里还有个好处，这里对于小型猛禽来说没有大型天敌。城市里喜鹊很多，猛禽大都打不过成群结队的喜鹊，那么生活在城市里的红隼会不会有这种困扰呢？其实论单打独斗，喜鹊不一定占上风。红隼毕竟是猛禽，它们依靠自身的优势——战斗力强，还会经常霸占喜鹊的巢来繁育后代。

我在青海三江源国家级自然保护区到玉树的路边，遇见了大鵟的巢。巢做得很精致，在两块巨大的石头的缝隙中间，左右皆可遮风挡雨。亲鸟回来投喂了一只高原鼠兔给孩子们。两个孩子大约刚出生一个月，已经可以主动吃父母给的食物了。食物被棕色羽毛的小家伙独占，旁边黑色羽毛的小家伙敢怒不敢言。

面，气流受到阻挡就会改变方向，向上流动，形成短时强大的上升气流。猛禽就会依靠这股气流顺势起飞。

大型猛禽一般都生活在远离城市的地方，也有一部分小型猛禽会选择在城市里生活，比如红隼。城市里没有山崖，但有很多高楼大厦，附近也会形成类似的上升气流。小型猛禽可以顺势起飞。此外，

北京的百望山和广西北海的冠头岭是著名的猛禽迁徙必经之路。每年数以万计的猛禽会经过这两个地方。迁徙季，猛禽会根据风向、晴雨等天气情况来决定具体何时迁徙。运气好的话一天可能能看到上千只猛禽。天气不好的话，有时候也会失望而归。

站在高点寻找猎物的红隼

吃得差不多了，它们会在巢里晒太阳，时不时撑撑翅膀，在巢里跃跃欲试，相信不久以后，它们就能在父母的带领下学习飞行和捕猎了。

食物有限，幼鸟会在巢中争夺食物。出生较早的幼鸟往往可以获得更多的机会，变得强壮，而弱小的幼鸟长期得不到食物，可能会饿死，甚至被兄弟姐妹吃掉。大自然就是这么残酷。按照人类的逻辑，如果均摊食物，可能幼鸟都能活下来，但都会成为实力比较弱的大鵟，这样对种群的繁衍不利。而在真实的大自然里，只有强者才能生存下来。

我还看到公路边的电线杆上有给猛禽做的人工巢，目的是吸引猛禽来繁殖，控制高原上的高原鼠兔和旱獭的数量。大鵟和猎隼就被吸引来繁殖了。那天傍晚，下起了冰雹雨。大鵟雌雄亲鸟趴在人工巢上一动不动，护着未成年的孩子们[5]。看到这里，我想起了带孩子的父母们，你们辛苦了。

给幼鸟送回食物后再次启程的大鵟

⑤ 大鵟雌雄亲鸟共同抚育孩子。——作者注

我有幸参与了 2019 年秋季北京翠湖湿地鸟类环志工作。在那次环志工作间隙，我在附近的小树上看到了这只戴着脚环的银喉长尾山雀

# 圆滚滚的小可爱——银喉长尾山雀

**学名：***Aegithalos glaucogularis*　/　**类目：**雀形目长尾山雀科　/

**体型：**小型鸟类

**生境及分布：**

中国特有鸟种，主要分布于我国华北、华中、华东地区。生活在阔叶林和灌木丛，经常活跃于树枝中段。

**习性：**

喜欢群居，性情活跃，好动。在树枝上不做长时间停留，总是蹦蹦跳跳的，会做短距离的飞行。

**识别特点：**

外形短小，看起来像个椭圆形的小球，尾巴约占体长的一半。头部和胸部为污白色，背部和尾羽为偏蓝的灰色，头部两侧有黑色侧冠纹（大概在相当于眉毛的位置）。

银喉长尾山雀是一种非常可爱的小鸟，经常出现在城市的公园里。刚开始，我以为它们和大山雀、黄腹山雀和沼泽山雀一样属于山雀科。随着分类学的发展，它们现在被统一归类于长尾山雀科。

银喉长尾山雀性格活跃，我每次看到它们都只有一瞬间。它们很少会在树枝上做较长时间的停留，基本上停留一两秒就蹦走了或者飞走了。如果想用相机拍摄它们，就需要抓住时机，也需要一定的耐心和运气。

我在“雀鹰和其他猛禽的特殊技能”部分讲过，猛禽的视力很好，相当于人类视力的5倍，它们善于远眺，可以发现远在5千米之外的猎物踪迹。山雀的视力也不差，相比较而言，它们更善于发现身边的细节。银喉长尾山雀的视力也是超群的，它们可以发现人类肉眼难以看见的嵌在树枝上的虫卵。我经常拍到它们在树枝上蹦来蹦去，似乎在啄着什么，大概就是虫卵吧。但我放大照片，也看不清它们吃的到底是什么。

银喉长尾山雀以前有一个亚种“北长尾山雀”。近些年北长尾山雀被归类于独立物种，主要分布于我国东北部地区。据说在北京，冬天偶尔也是可以见到北长尾山雀的，就是难度较大。据我的观察，北长尾山雀、银喉长尾山雀和棕头鸦雀行为有一些相似的地方，它们都爱成群地波浪式移动，“波浪式”的意思是它们会聚在一起，从一片灌木中鱼贯而出飞到另一片灌木里找虫子吃。

提到银喉长尾山雀，就不得不提我国华东、华南、华西地区常见的红头长尾山雀。它们的体型比银喉长尾山雀和北长尾山雀稍小一点，外观比较好识别，头顶、胸和胁部有橙红色羽毛，行为习惯也与前两者相似。

我在乌尔旗汗林场路边偶遇的北长尾山雀

陕西洋县的红头长尾山雀（铜版画，水彩上色）

鸟类环志[⑥]

环志是用来研究鸟类生活习性及其迁徙的一种重要手段。通过在鸟的身上放置一些可识别的标记，来搜集鸟儿的信息，包括寿命、生长状况、种群数量、繁殖情况等，从而更好地认识鸟类和保护鸟类。

根据鸟种不同，会采用不同的环志方法，比较常见的环志方法是把金属脚环戴在鸟的跗跖上，每个脚环都具有唯一编号。

除了金属脚环这一经典环志之外，环志还有以下几种标识形式。

（1）塑料彩环和彩色旗标。这种形式多用于多国合作环志的项目，主要是涉禽迁徙路线的研究，每个国家的标志环的颜色和代号都不相同。

（2）颈环。戴在雁鸭类的脖子上。

（3）翅标。固定在大型猛禽或者鸦科的翅膀上。

（4）鼻环与蹼标。鼻环用于鸭类的环志，蹼标则用于雁鸭类幼鸟的环志。

（5）跟踪定位器。这种形式成本较高，但大大提高了鸟类研究的效率。

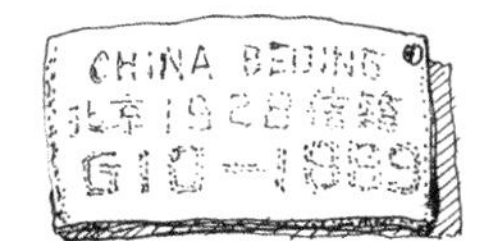


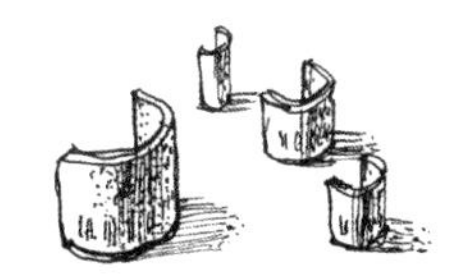

鸟类环志使用的金属脚环

连云港北固山生态公园的银喉长尾山雀

⑥ 环志的内容参考了《北京翠湖湿地鸟类环志培训教程》的部分内容。—— 作者注

鸟类环志会不会影响鸟类的健康呢？这也是我关心的问题。后来我了解到，我们采用的所有环志材料都是通过合法途径从全国鸟类环志中心领取的，自重比较轻，所以不会对鸟类的飞行和行为造成比较大的影响。

环志工作一般在每年春秋的鸟类迁徙季节进行，整个工作要持续 2~3 周的时间。我有幸参与了 2019 年秋季北京翠湖湿地的鸟类环志工作，以下就是环志的整个过程。

### 1. 考察地貌

首先要采集环志用的鸟类。鸟类的采集工作要在鸟类迁徙较集中的区域定点进行，所以要先考察地貌，找到鸟类经常飞过的通道。

### 2. 布网

通常小型鸟类的采集方式是直接网捕。采集工作使用黏网，这也是最常见的环志捕鸟工具。每个网设有编号。每天根据当天的天气情况布网和收网。志愿者们每隔 30 ~ 60 分钟巡网一次，并做好记录。增加巡网次数能有效降低鸟的伤亡率。

### 3. 解网

解网也叫摘鸟，是指从黏网上快速安全地取下鸟的过程。解网前首先要判断鸟入网的方向。再用左手控制住鸟，按照脚、腿、翅膀、头部、尾部的顺序依次用右手把鸟的各个身体部位从网中放出。解网结束后，将鸟迅速放入鸟袋，将鸟儿置于全黑的环境中可以避免它们再次受到惊吓。

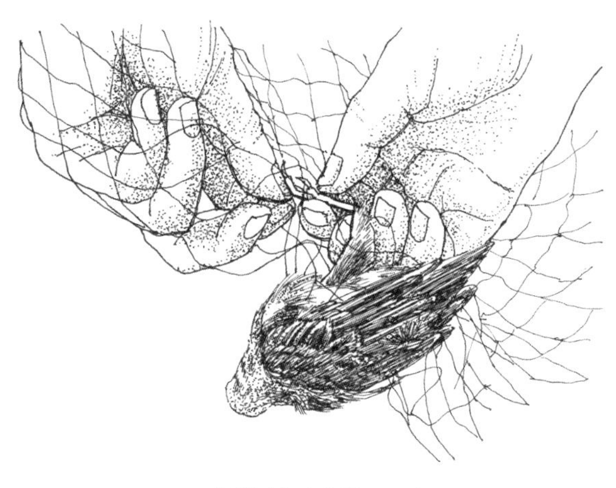

从黏网上小心地取下鸟

### 4. 取鸟

先在记录表中记录摘下来的鸟的信息，然后将鸟从鸟袋中取出，检查鸟的身体情况，并适当喂水，让鸟恢复体力。如果鸟存在健康问题或出现无法放飞的情况，就需要尽快求助野生动物救护中心和林业局等相关部门。如果检查发现近期已经捕过该种鸟，可将鸟直接放飞。

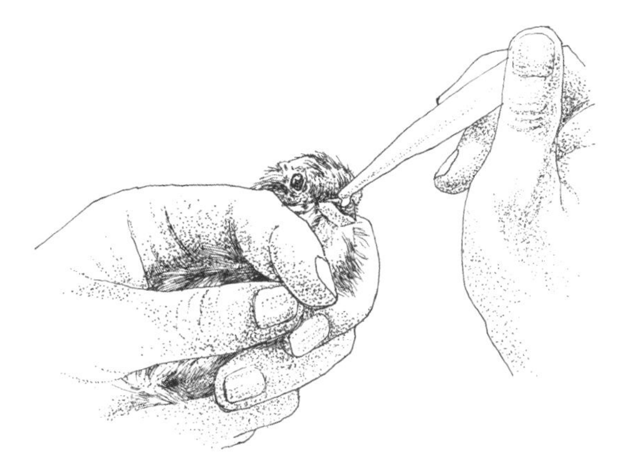

给鸟适当喂水，让它恢复体力

5. 登记

首先确定鸟种，然后辨别雌雄，是成鸟还是幼鸟，是否重捕（以前被环志过）等，并将这些信息记录下来。

6. 上脚环

志愿者们需要根据不同体型的鸟而选择不同大小的脚环，使用环志钳将其固定在鸟脚上。

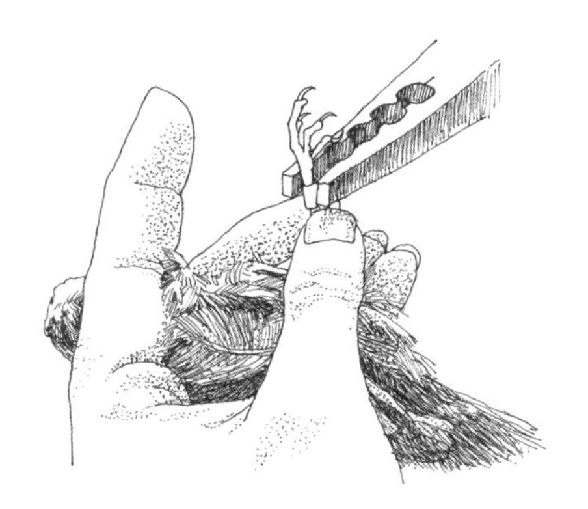

把脚环固定在鸟脚上

7. 测量取样与记录

测量跗跖、头、喙、翅、尾和身体的长度以及体重。所有数据都需要收集和记录。有时也要收集一些其他数据，比如脂肪度、年龄，也许还要取血和采集生物样品等。志愿者们还要为个别具有典型意义的鸟拍摄基础套图。

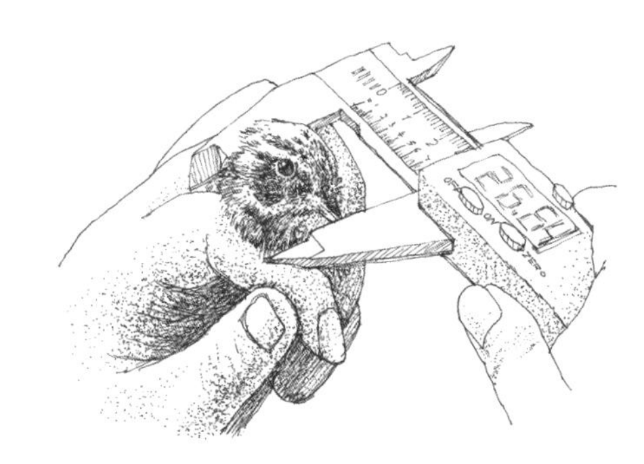

收集鸟的头部数据

正面控制跗跖握法

环志的过程中需要使用科学安全的持鸟方法，常见的有背部正握法、正面控制跗跖握法、背部反握法、腹部握法。体型稍大的鸟类则用持握法、猛禽持握法及其他持鸟方法。志愿者们需要熟练掌握这些方法，并且在环志过程中灵活运用。

8. 放飞

完成戴脚环、收集数据、检查健康状态后，应在远离黏网及猫狗经常出没的环境中将鸟放飞。

9. 整理数据

每一季环志工作结束后，志愿者将数据整理之后提交到全国鸟类环志中心，以便科学家开展后续的科研工作。

环志工作是由志愿者们有组织地自愿参与开展的。北京市野生动物救护中心的工作人员会对志愿者进行培训。志愿者通过考核才可以胜任这份工作。每年参与环志的主力志愿者都来自中国观鸟会。环志持续时间较长，每天工作时间是6:30—19:30，工作强度大，出勤频繁。志愿者们需要每天驱车几十千米来到环志地点。他们这种无私的精神感染了我！我很高兴地得知我的学生中有几位也是环志工作的骨干。在此请让我代大家向这些可爱的人们——侯笑如、高景欣、李欣欣、关雪燕、Vian及其家属表示感谢！

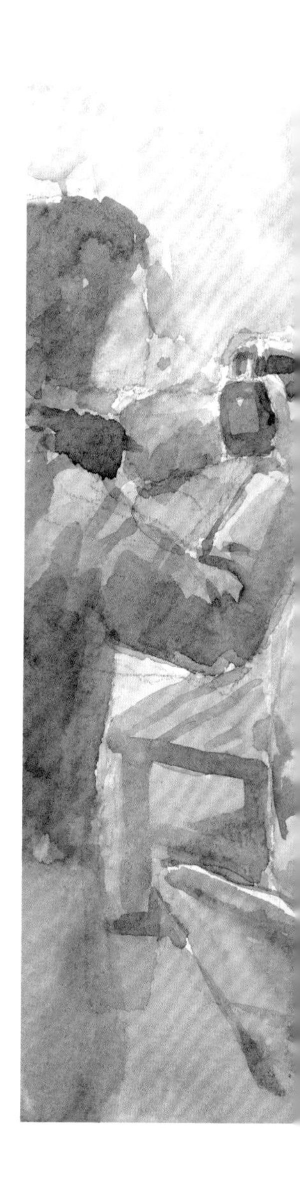

工作中的鸟类环志志愿者

在灌木丛里觅食的鹪鹩

# 害羞的小鸟——鹪鹩

## 学名：*Troglodytes troglodytes* / 类目：雀形目鹪鹩科 / 体型：小型鸟类

**生境及分布：**

常见于山地及平原溪流附近的岩石及灌木丛。冬季也会出现在城郊公园。广泛分布于旧大陆，在我国的东北部、东中部、中部及西南部、新疆西北部地区均有分布。

**习性：**

体型娇小，性格活跃，好动。常在有溪流的石缝、灌木丛中蹦跳，经常抖动尾羽，并向上翘起。

**识别特点：**

个子不大，体长 9 ～ 11 厘米，全身为褐色，有细碎的深色横纹。

有一次我去农展馆的后湖观鸟，听到湖边传来叽叽喳喳又尖又小的声音。我对鸟鸣不太敏感，还真不知道这是什么鸟。直到我看到守候在湖边的大爷，就明白了。大爷正在往湖边的地面上抛面包虫。几米外有一只比麻雀还小的鸟儿，那就是传说中的鹪鹩了。前阵子我在微信群里听人说，农展馆有大爷诱拍鹪鹩。这次还真是碰着了。

鹪鹩不敢靠近大爷，只是在远处叽叽喳喳地蹦着叫，大爷抛出虫子后，它才慢慢蹦过来，叼起虫子就跑。正常情况下，恐怕没有一种野生动物愿意靠近人类，因为这实在是太危险了。在寒冷又缺乏食物的冬季，鹪鹩冒着生命危险跑来吃面包虫实属无奈之举。

这只鹪鹩吃完食物就飞进了附近的灌木丛。我仍然可以听到它的声音。它蹦蹦跳跳，跳进了石头缝，好奇地看着我。或许是期待着我可以给它一些食物，然而我并没有。我看了一会儿就走开了，一路上它叽叽喳喳的叫声还不时传入我的耳中。

跳进石头缝里的鹪鹩

### 什么是诱拍

北京房山区十渡风景区的峭壁上有著名的红翅旋壁雀。我第一次观鸟就是去的十渡，刚到目的地就见到一群持着“长枪短炮”的摄影人面对着峭壁在寒风中蹲守。带我观鸟的毛虫大哥告诉我这是诱拍。他带着我去峭壁的另一边找红翅旋壁雀，很快就找到了。红翅旋壁雀并没有去几十米外摄影人诱拍的地方。

那次，我们还看到有摄影人拿石头打红尾水鸲。毛虫大哥告诉我，这是因为那些人拍够了红尾水鸲，只想拍红翅旋壁雀，又不想让红尾水鸲吃了他们放的诱饵。

唉！

我们经常看到有人在网络上发布的一些照片，有各种飞翔姿态的猛禽，各种近距离拍摄的猛禽捕食姿态，有小鸟吃虫子的特写，甚至还有大鸟哺育小鸟的高清照片，无不让人惊叹！

一开始看到这样的“大片”，我都投以羡慕的目光。天哪，他们怎么能在这么近的距离拍摄？他们的镜头前竟然没有任何遮挡物！好完美的角度啊！直到后来开始观鸟，我才知道这些照片大部分就是传说中的诱拍所得的。

用小白鼠诱拍红隼的“拍鸟大爷”们
（“拍鸟大爷”通常指那些用不文明的方式拍摄鸟类的拍鸟爱好者）

经常观鸟或者拍鸟的人都知道，拍到一张好照片需要具备一些鸟类基本常识，拍鸟也很考验耐心。有时候去几次都不一定找得到鸟，这很正常。即使找到鸟，要拍好也不是件容易的事。诱拍的人都是些想拍好照片，但又没有耐心去找和等待，想走捷径的人。他们可能不会在意这样的行为会对鸟和环境造成什么样的伤害和影响。

诱拍，这个词词典里没有收录，大概意思是拍摄者通过食物诱惑鸟类到他们事先安排好的地点，然后进行非鸟类自然行为的拍摄。

什么是非鸟类自然行为呢?

比如红翅旋壁雀在大自然中是找不到面包虫吃的。面包虫是外来物种，原产于北美洲。在中国，面包虫都是人工饲养的，一般用来给家禽或者宠物充当补充饲料。它们是“拍鸟大爷”诱拍时最爱用的道具。给野生动物喂食非本地自然环境中的虫子，这一点是否合理还有待专家研究和论证。

诱拍者用线穿着葡萄，引诱红嘴蓝鹊来觅食

救助鸟类的时候，适当喂一些面包虫是没问题的。面包虫蛋白质含量较高，但营养成分单一，只能临时充饥。即使投喂的食物营养结构符合鸟类的需求，还存在另一个问题，那就是拍摄者采取的手段方法是否合适。

鸟类通常要被迫冒着风险（靠近人类和被天敌发现的风险）来到离人类很近的地方取食。一旦习惯了人类的投喂，鸟类的行为就会受到潜在的影响。另外，鸟类可能携带一些能导致人类生病的病毒、细菌或真菌。野生动物和人类的近距离接触，对动物和对人都是件危险的事情。

某些拍摄者不顾动物的死活，为了拍摄好照片不择手段。这样的“好照片”在一些摄影比赛里不少见。有的拍摄者用木棍穿着面包虫，有的甚至用铁丝，还有用鱼钩的，很容易对鸟类造成伤害，甚至导致鸟类死亡。

爱护野生动物，我们首先要做到自己不诱拍。如果大家见到可疑或是不恰当的行为，可以告知公园管理人员，让他们出面干涉，或者拨打政府服务热线 12345 投诉。

除了诱拍，还会有一些拍摄者为了拍到鸟巢的照片，不惜剪断树枝，拆毁鸟巢，让小鸟无处栖息和躲避天敌。遇到这种伤害鸟类的行为，我们可以直接拨打 110 转接森林公安报警。

在自然环境下拍摄野生动物，可能无法找到最理想的光线和角度，也很难离野生动物特别近，但能捕捉到野生动物的精气神，能拍到鸟类自由自在而不是有所警觉的状态。自然状态下的动物才是最美的。

“真善美”，真、善才有美。我们应该敬畏自然，尊重生命。

《等待觅食的苍鹭》

此作品获 2021 年中国野生生物影像年赛——自然绘画单元 - 成人自然栖息地组冠军

## 苍鹭的捕食方式：等食物自己送上门

**学名：***Ardea cinerea*　/　**门类：**鹈形目鹭科　/　**体型：**大型鸟类

**生境及分布：**

生活在湿地沼泽和浅水区域，栖息于江河、溪流、湖泊、滩涂，中国各省份均有分布，广泛分布于欧亚及非洲大陆。

**习性：**

常常站立在浅水中或潮间带捕食，以鱼类、虾、蜥蜴、蛙、昆虫和小型鸟类等小型动物性食物为食。

**识别特点：**

头、颈、脚和身体都很细长。喙较长，大部分呈黄色，颈部有黑色的不规则的纵纹，头部两侧呈黑色，身体大部分为灰蓝色，其余为白色。

2020年春夏交替的时候，我在北京的沙河观鸟，听见远处河对岸的水草里有动静。不知从哪里冒出来一只苍鹭，正在缓慢地行走，它时而伸长脖子，探头往水里看，时而踱两步，姿态美极了。水面倒映着苍鹭、菖蒲和扁秆荆三棱的影子。回家后，我用油画将这个瞬间定格住了。（见116页《等待觅食的苍鹭》）

3月的北京房山十渡还比较冷，树木没有变绿的迹象。这儿是典型的喀斯特地貌，到处都是拔地而起的山峰。我的视线追随着几只从溪流里起飞的苍鹭，心想它们一般不都在溪流里觅食吗？也没有人追赶，它们怎么飞那么高呢？接着就看到，它们飞到一个几层楼高的平台上，稍作休息后，又飞到了悬崖边的大树上。这下我才发现，那几棵树上竟然有十几只苍鹭，而那个几层楼高的平台是它们平时休息、嬉戏和带孩子的地方。

北京城里也有苍鹭。冬天，颐和园的团城湖有一片湖面不会结冰，很多苍鹭在团城湖附近的无人小岛的大树上筑巢。几十只苍鹭聚集于此，也给颐和园的湖面增加了一点生气。

刚开始观鸟的时候，我经常分不清天上飞着的黑影子到底是苍鹭还是黑鹳。后来听朋友说才知道，苍鹭飞行的时候会把颈部缩成S形，而黑鹳和鹤都是伸直了颈部飞行的。同样把颈部缩成S形飞行的还有鹈鹕科的鸟类。

苍鹭是被动的机会主义者，它喜欢站在某处静静地等待，等鱼儿游过来，就把头部猛地扎进水里，把鱼叼起来吞下去。苍鹭捕食很有耐心，所以人们给它取了个名字叫“长脖子老等”，真的是非常形象。

某年暑假，我们一家去山东海边度假。有一次，我趴在海边的地上观鸟，发现绝大多数苍鹭选定了位置后，就会一直站着，半小时都不动。即使动起来动作也很缓慢：先伸缩头部，然后身体跟上；先抬起一条腿，收起来，又缓慢放下，再抬起另一条腿，两条腿交替着缓慢前行。

还有一次，我看见一只苍鹭朝着我这边飞冲过来。这是什么情况？！我有点蒙。大概在离我只有十几米远的地方，它终于停下来，原来它是冲着小白鹭飞过来的。小白鹭正叼着一条鱼在地上摔打，看见苍鹭冲了过来，吓得不轻，慌乱中叼着鱼起飞，苍鹭也跟了上去。小白鹭一看苍鹭穷追不舍，情况不妙！它便马上扔下鱼，在旁边看着。苍鹭展翅降落，大步流星地走到食物旁，叼起鱼吞了下去。

沙河上空飞行的苍鹭，脖子缩成 S 形

准备从白鹭嘴里抢走食物的苍鹭

### 苍鹭和白鹭

苍鹭和白鹭是比较常见的两类鹭科鸟类。从外形上看，两者很容易区分。苍鹭的身体呈灰蓝色和白色，白鹭的身体则是纯白色。两者的个头差异也很大，白鹭个头明显比苍鹭小一大圈。

中国大部分地区最容易看到的白色的鹭有大白鹭、中白鹭和白鹭 3 种[7]。这 3 种鸟都长得差不多，甚至会同时出现。那么问题就来了，我们应该怎么区分它们呢？

一般来说，白鹭都会离我们比较远。首先要从

⑦ 有些地方还能看到牛背鹭、黄嘴白鹭和岩鹭（白色型）。——作者注

在海滨滩涂上觅食的鹬鹬（左二和右五）和白鹭、大白鹭、中白鹭

体型上区分。白鹭比较小，体长约 60 厘米，中白鹭约 70 厘米，大白鹭约 95 厘米。

其次看身体特征。白鹭喙是黑色的，中白鹭喙和大白鹭喙都是黄色的。中白鹭和大白鹭区别起来要麻烦一点。尽管体型上有差异，但如果它们不站在一起互为参照，在野外观察并不容易分辨出它们的体型大小。中白鹭喙端有少许黑色，口裂止于眼下方，大白鹭的口裂则延伸超过眼后缘。此外，大白鹭长长的脖颈在接近中段的地方有一个明显的拐结，中白鹭往往没有。

鹭科鸟类中有一个家伙个头比白鹭小，但捕食特别厉害，就是绿鹭。它们通常栖息在山涧溪流，会把昆虫、小树枝，甚至是自己的羽毛扔进水里，当作诱饵吸引附近的鱼，等鱼靠近就伺机捕食。

像绿鹭一样，大多数鹭科的鸟儿一般不靠穷追猛打捕食，而是静等时机，让猎物自投罗网。实在是太高明了！

根据亦诺老师的摄影作品创作的大鸨

# 守护大鸨的栖息地

## 学名：*Otis tarda* / 门类：鸨形目鸨科 / 体型：大型鸟类

### 生境及分布：

早在 1989 年就被列为国家一级保护野生动物。栖息于草原、浅水湖泊、草甸、半荒漠地带、农田和荒地，通常成群活动，几乎不单独行动。分布于欧亚大陆、中国中东部和北部地区。在中国北方草原上繁殖的种群冬季会南迁至黄河、渭河一带越冬。

### 习性：

在开阔生境活动，善于奔跑，相当惧生，人很难靠近。杂食性鸟类，以农作物、野草和昆虫为食。雄性 5 ～ 6 岁性成熟，雌性 2 ～ 3 岁即可繁殖。繁殖期，雄鸟为了吸引雌鸟，会聚集在一起炫耀自己。

### 识别特点：

体态有点像鸵鸟。雌雄羽色相近，以白色、褐色和灰色为主。但雌雄体型相差较大，雄性体重是雌性的 2 ～ 4 倍，身高可达 1 米。雄性在繁殖期颏两侧有白色的“胡子”。

我在正式开始观鸟以前就听说过大鸨，但没见过。2018 年，我的作品和好朋友闪雀老师的作品一起入选了“生物多样性自然艺术展”。他参展的就是下面这幅大鸨作品。

我真正见到大鸨是 2021 年 2 月 19 日，也是和认识了好几年的鸟友大好第一次见面的日子。大好是北京城市副中心爱鸟会的志愿者，也是守护大鸨栖息地活动的发起者。

守护大鸨栖息地的事情要从 2021 年 2 月初说起。当时有人发现一对大鸨来到了北京通州的农田，这是近年来唯一已知的大鸨在北京境内的越冬地。只有少数几人知道这个消息，为了保护大鸨，并没有对外传播。

2021 年 2 月 1 日，北京城市副中心爱鸟会的志愿者在大鸨出现的地方观察时，发现其中一只雄性大鸨受了伤。为防止大鸨在被救助的过程中发生应激反应再次受伤，北京市野生动物救护中心给出的意见是暂时原地观察。

《休息中的大鸨》（闪雀老师绘）

大鸨和追逐拍摄大鸨的越野车

关于大鸨受伤的原因，比较大的可能性有两种。一是狗的袭击，因为志愿者们在农田里发现了散养狗的踪迹，二是可能有人用弹弓或其他工具伤害了大鸨。

2 月 3 日晚上，有媒体发布了通州出现大鸨的消息，大量拍鸟爱好者开始往那里聚集。爱鸟会出动了两名志愿者进行现场劝阻和疏导，让大家在安全距离之外文明观鸟和拍鸟。但拍鸟人员数量庞大，最终还是有少数人进入农田拍摄，导致大鸨多次被惊飞，直至最后消失。

大家没想到的是，大鸨竟然又飞回来了。这说明它们在附近找不到合适的觅食地，只得返回。大鸨的体型大，体重重，飞行需要耗费比其他小型鸟类更多的体力，所以得不断进食，才能保障基本的健康。大鸨又对人类非常敏感，过度紧张和进食过少也可能会死亡。

在这样艰难的情况下，仍然有人驾驶着越野车不顾阻拦，冲进农田追赶和驱逐大鸨进行拍摄。志愿者没有执法权，对这样的违法行为只能进行劝阻。两天后，通州区林业部门张贴了保护鸟类的标志，安排安保人员值守。每天，志愿者自发组成团队，分成上午和下午两拨，协助安保人员维持秩序，情况终于有所好转。

2 月 26 日又出事了，一只雌性大鸨一直啄一个塑料袋，直至头被塑料袋套住。可能是过度紧张，这只雌性大鸨飞起后撞到了树上。鸟人们迅速上去救助。看到大鸨立刻飞走了，大家也算松了一口气。那天傍晚，大好发现那个总是不听话的“拍鸟大爷”默默走进农田，把散落的塑料袋都捡起来带走了。

志愿者和安保人员一直值守至 3 月 25 日，那天，大鸨终于开始飞往北方的繁殖地。几十天的坚守结束了。

被塑料袋套住头部的大鸨

然而，事情还没完。2021 年冬天，大鸨又回来了。这次来了 4 只，也许它们还是对这片栖息地怀有一些期待吧[⑧]。志愿者们新一年的坚守开始了。

越来越多的人开始关注通州的大鸨。先后有 100 多位志愿者参与到保护大鸨的巡护工作中来，其中一位 7 岁的小朋友值守了 4 天。

谁知道，大鸨刚到北京不久，生存再次受到威胁！第一个威胁是为了防止扬尘，有关部门开始在农田里铺设绿色防尘网。大鸨平时靠吃收割后遗落在农田里的玉米和大豆为生，防尘网严重影响了大鸨觅食。好在经过

---

⑧ 2021—2022 年越冬季，水南村共出现了 6 只大鸨。第一只出现在 2021 年 10 月 17 日，当时水南村的玉米刚刚收割完，这只大鸨只是做了短暂停歇，第二天就不见了。从 11 月 14 日起，3 只大鸨一直在水南村越冬，12 月 12 日，增加一只大鸨。2022 年 1 月 18 日，死亡一只。1 月 27 日，又一只大鸨来到水南村。3 月 28 日，2 只大鸨离开，4 月 7 日、8 日各有一只离开。——作者注

志愿者们的沟通，防尘网停止铺设。第二个威胁是农田里开始有挖掘机进场施工，为了在此地铺设地铁排水管道。大鸨受到惊扰而离开，只能趁工人午休期间返回觅食补充体力。经多方交涉，施工暂停。

然而，有一只大鸨幼鸟最终还是没能活过这个冬天。2022 年 1 月，志愿者发现一只大鸨受伤，并联系了救助机构进行救助，但它最终还是没能活下来。

人们分析它受伤的原因，有 3 种可能：第一种是盗猎所致，这只大鸨受伤的前几天，红外相机拍到夜里有人携带多只狗出现在大鸨越冬地；第二种是被大理石狐攻击所致，志愿者们发现附近有一只大理石狐出现，不确定是逃逸的还是被放生的；第三种是这只幼鸟缺乏生存经验，碰撞致死。

通州大鸨事件让我们开始思考野生动物在城市里的生存困境。大鸨和很多其他野生动物面临的最大问题还是栖息地的丧失。北京是地球上最大、人口最多、最发达的城市之一，城市的高速发展必然会导致生态的快速变化，要求高度现代化的城市恢复百年前的生态环境是不现实的。而事件中的“拍鸟大爷”虽然惊扰了大鸨，但并不是大鸨栖息环境的破坏者。在建立起文明观鸟拍鸟的秩序后，他们不但不会成为害鸟人，还会成为秩序的维护者。

政府部门在保护大鸨的工作中起到了至关重要的作用，政府部门以及猫盟和北京城市副中心爱鸟会这样的民间机构形成了良好的配合，共同守护了大鸨的栖息地。据悉，大鸨在通州的越冬地正是未来一个湿地公园的规划地所在，希望有关部门在规划这片区域的时候能给野生动物留一些天然的生存环境。

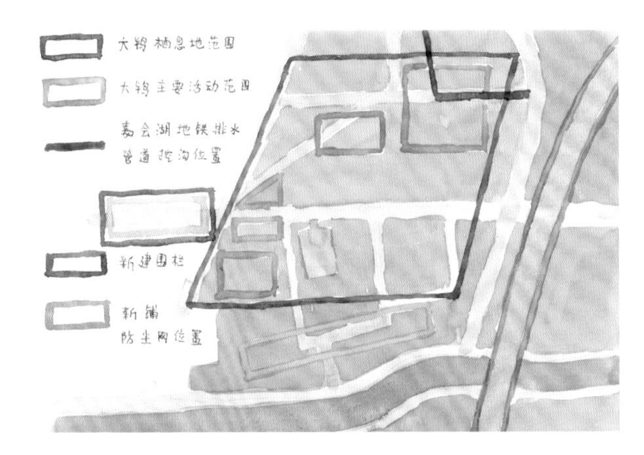


大鸨在北京通州的越冬地示意图。从图上看，北京仅存的大鸨越冬地就是橙色框标示的三片农田。这些农田里农作物收割后残留的玉米、大豆养活了这几只大鸨。这片农田曾经是野生动物的乐园，方圆几千米范围内记录到的鸟类多达 264 种，超过了北京鸟类总数的 50%，其中 6 种还是国家一级保护野生动物。这里即将建设湿地公园，荒地少了，生态难免会遭到破坏

《幻想蚯蚓大餐的乌鸫》，我在这幅画的背景里用弯弯曲曲的金箔表现蚯蚓，这也是乌鸫最爱的美食之一

# 城中好歌手——乌鸫

## 学名：*Turdus mandarinus* / 类目：雀形目鸫科 / 体型：中型鸟类

**生境及分布：**

在我国大部分城市都很常见，从林地到城市都可以看到乌鸫的身影。欧乌鸫是瑞典国鸟。

**习性：**

性格比较活跃，不太怕人。喜欢在草地上活动、觅食。春夏以昆虫为主要食物，尤其爱吃蚯蚓。秋冬季食物缺乏时，以种子、果实为食。

**识别特点：**

全身为黑色或褐黑色，喙和眼圈均为亮黄色，是一种识别度较高的鸟类。幼鸟相对难认一点，头部和胸部有污白色羽毛，全身为灰褐色，胸部有灰褐色斑纹，喙和眼圈色彩并不明显，呈黄褐色。

乌鸫的英文名叫 Chinese Blackbird，过去将欧亚大陆上的乌鸫都视为一种，现在随着研究的深入，传统意义上的“乌鸫”被分为 4 种：欧洲和中亚地区的欧乌鸫，在我国新疆和青海西部可见；喜马拉雅山及邻近地区的藏乌鸫；印度次大陆和斯里兰卡的南亚乌鸫；以及我们熟悉的乌鸫。

要是再算上白颈鸫和灰翅鸫，叫 blackbird 的鸟如今就有 6 种了。

乌鸫是一种特别爱唱歌的鸟。我们在马路边、公园里经常可以听到它们的叫声。我们都知道八哥擅长模仿声音，变声能力特别强，像饶舌歌手。乌鸫的叫声不像八哥那么尖锐刺耳，更平缓一些，会发出类似吹口哨的声音，这可是它们的绝活。尤其是在春天繁殖季节来临的时候，乌鸫的叫声跟其他季节的不一样，更动听，更像在唱歌。

乌鸫在北京是留鸟，一年四季均可以见到。春天的时候最活跃，在城市的绿地上往往就能见到它们的身影。和灰喜鹊一样，它们也喜欢在草地里找蚯蚓吃。它们时而站着东张西望，时而俯下身来向前冲几步，突然停下，看到地里有动静，就半撑着翅膀一个猛子扎下去，把蚯蚓往外扯。蚯蚓受到惊吓会可劲儿往土里钻。于是一场拔河比赛就开始了。当然，最终一定是乌鸫获胜。因为乌鸫觅食时总爱用喙往土里戳，所以喙上总是沾着一些泥土。

鸫科鸟类的腿都比较长而有力，它们善于在地面上快走和跳跃。2/3 的鸫科鸟类雌雄都长得几乎一样，难以分辨。其实不光是鸫科，很多鸟类都是这样的。我以前养过一只绿金顶牡丹鹦鹉，养了一年，还是无法完全通过外貌和行为分辨它到底是雌是雄，只能揪下两三根羽毛送去做 DNA 检验，才知道它是雄鸟。

我养的绿金顶牡丹鹦鹉，将羽毛送去做 DNA 检测才知道它是雄鸟

一只站在冰封的湖边的红尾鸫，小家伙喝了两口水，抬头正好看见了我

除了乌鸫之外，秋、冬、春季，北方还有一种十分常见的鸫科鸟类——红尾鸫。每年11月，红尾鸫就会从俄罗斯及西伯利亚东部往南方迁徙，次年4月再北上。红尾鸫有时候爱在落叶堆里翻找食物，但我看到它们更多的时候还是在圆柏上找果子吃。冬季，忍冬的小红果子是它们的心头好。城市的公园植物丰富，圆柏即使到了冬天也还是枝叶茂密的，既方便藏身又有果实吃。除了红尾鸫，圆柏也是麻雀、白头鹎、乌鸫、八哥、灰椋鸟和太平鸟喜欢钻的地方。

寒冷的冬天，野生动物面临一场严峻的考验。气温跌到零下，动物们体能消耗变得更大，需要吃更多东西，补充更多能量。最要命的是冬天食物短缺，饮水也成问题，北方的低温导致绝大部分水源都被冻上了。所以，小鸟们不是聚集在流动的水源周围就是聚集在觅食地周围。我常去的龙潭公园冬天湖面几乎都会结冰，鸟儿们能喝到水的地方越来越少。我没有想到的是，湖边竟然还有一处活水——漏水的水管。这里热闹非凡！燕雀、灰喜鹊、乌鸫、红尾鸫每天都会来喝水。回家后，我画下了这只站在冰封的湖边的红尾鸫，小家伙喝了两口水，抬头正好看见了我。

一只雌性大斑啄木鸟在树干上找吃的

# 为啄木而生的大斑啄木鸟

**学名**：*Dendrocopos major* / **门类**：啄木鸟目啄木鸟科 / **体型**：中型鸟类

**生境及分布**：

栖息于山地和平原针叶林、针阔叶混交林和阔叶林。在我国大多数省份都有分布，范围非常广泛，尤其在北方地区是城郊最常见的啄木鸟之一。

**习性**：

经常单独或成对活动。主要吃昆虫及其幼虫、蜘蛛及植物种子等。碰到人的时候常会躲到树干后面，偶尔露出来。常从树下沿树干向上跳跃式攀爬，偶尔也会向下短距离移动。如果没有发现食物的踪迹会马上飞往另外一棵树。

**识别特点**：

全身为污白棕色，臀部羽毛为红色。翅膀为黑底白斑，白色的大覆羽、中覆羽和肩羽共同组成了翅上醒目的大块白斑。雄性枕部为红色，雌性枕部为黑色。

全世界有230余种啄木鸟。说到啄木鸟，最厉害的当然是它们“啄木”的能力了。

为什么啄木鸟可以在树上啄洞呢?

因为它们的喙呈凿子形状，有助于在木头上凿洞。除了凿开树皮找虫子吃以外，它们啄木还为了凿出树洞巢，繁殖后代。

啄木鸟疯狂啄木头为什么不会得脑震荡?

（1）啄木鸟的大脑重量比较轻，高速啄木时受到的冲击力没那么大；

（2）啄木鸟凿木头的速度比较快，喙与木头接触的时间短，这样也可以减轻对大脑的冲击；

（3）啄木鸟的头部结构跟人不一样，人的大脑向下吸收冲击力，啄木鸟被后脑勺包住的整个大脑在头部的位置更靠后，向前吸收冲击力；

（4）啄木鸟用喙凿木头，喙和大脑并不在同一水平线上，这也在一定程度上减缓了冲击力。

冬季，在地面找蚂蚁的灰头绿啄木鸟。
啄木鸟不光在树上寻找食物，也会下地，到草丛和枯枝烂叶中寻找蚂蚁等食物

大斑啄木鸟的爪子两前两后，外侧的脚趾和趾甲较内侧的长。趾甲内侧呈无光泽的灰白色（暖色调）

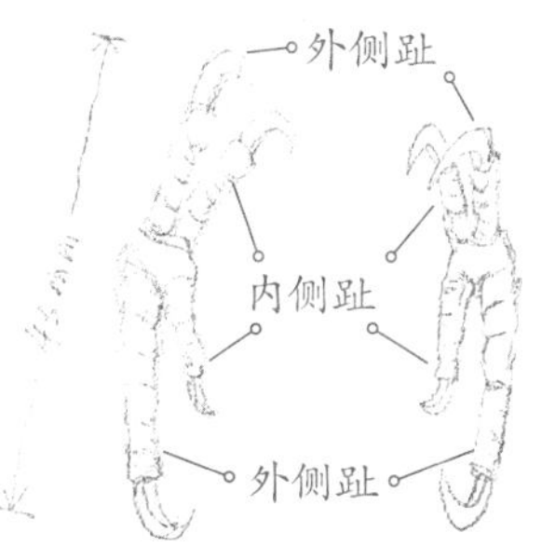


外侧趾长度相近，前趾略短，趾甲也较内侧趾长。内侧趾的前趾较后趾长，后趾长度约为外侧趾的一半。前趾甲比后趾甲长，内侧更明显

除了头部构造，啄木鸟的舌头也很特殊。它的舌骨会绕到头部后面，有的会插入右边鼻孔，有的会绕眼睛一圈。长长的舌头可以随意伸缩，舌头前端还带着小小的倒刺。凿开树皮后，它把带倒刺的长舌头伸进树洞，就能很轻易地把虫子勾出来吃掉。好厉害！而且，啄木鸟的鼻毛完全覆盖住鼻孔，这样就可以防止啄木时产生的木屑飞溅进鼻子。

我们都知道啄木鸟会在树上找虫子吃，其实也不尽然。冬天，我就多次见到灰头绿啄木鸟飞到地面上，在树桩下找蚂蚁吃。

朋友捡到一只被雀鹰吃掉了大部分身体的大斑啄木鸟，这也让我有机会仔细观察它的身体构造。

啄木鸟两前两后的爪子强劲有力，抓树皮表面的虫子没问题，但在凿树皮时，仅用爪子抓树可能还不够牢固，它们还会利用尾羽抵住树干来支撑身体。通过观察，我发现大斑啄木鸟的尾羽是楔形的，羽轴和羽片比其他部位的羽毛更粗硬，还很尖锐，似乎带着刺。它们把尾羽插到树干上，就能稳稳地支撑住身体，这样头部在发力时就更稳定了。

看到这里，你是不是也觉得啄木鸟的身体构造

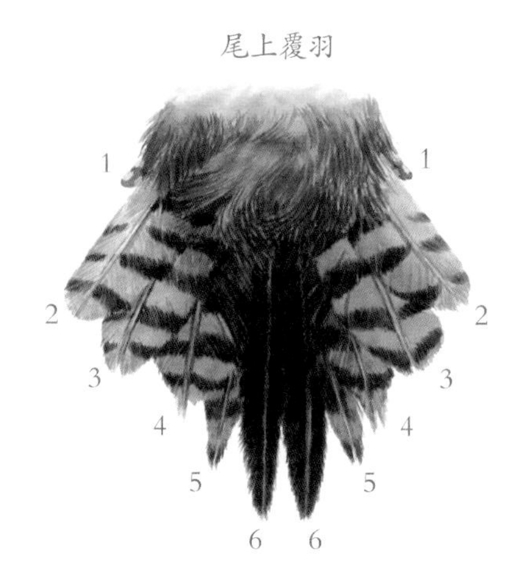


大斑啄木鸟的尾羽是楔形的，尾羽有12根，左右各6根。最靠边的两根很小，不易发现。越靠近边缘的羽片和羽轴越软，越靠近中间的羽轴越硬。这有利于它啄木时抵住树干，支撑身体，便于发力

非常强大呢？

除此之外，啄木鸟的身体构造也是为了特殊的生存环境服务的。它的翅膀不像大部分猛禽那样又长又宽大，适合在开阔地飞行。与身体比起来，啄木鸟的翅膀算是比较短的，展开接近椭圆形，飞行起来比猛禽更灵活，适合在树林间穿梭。

大斑啄木鸟栖息于树林中，飞行时并不是沿直线的，而是沿波浪线的。它们先扇动翅膀快速上升，再收起翅膀向下滑行，然后又扇动翅膀上升。这样的飞行方式可以最大限度地节省体力。

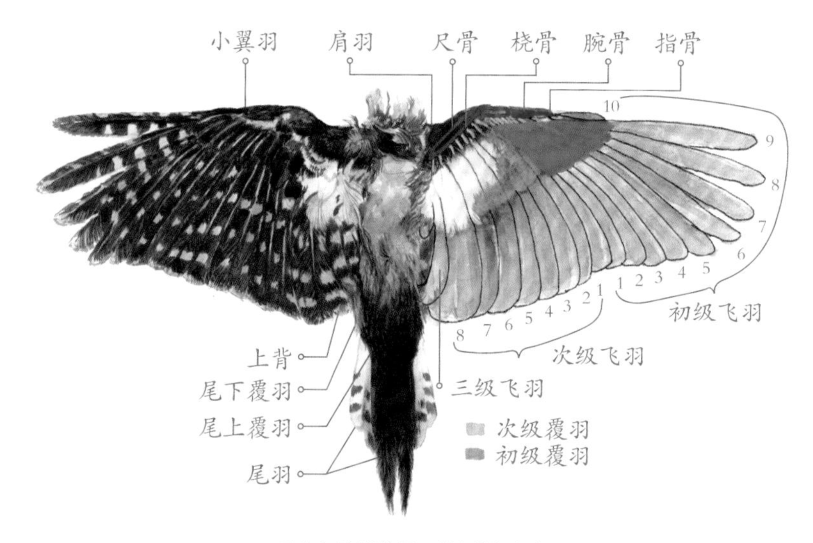


啄木鸟的翅膀展开接近椭圆形

大斑啄木鸟沿波浪线飞行

你是不是也听说过，啄木鸟会给树“看病”，是“益鸟”，人们还给啄木鸟取名为“森林医生”。近年来，网络上也有观点认为啄木鸟会凿空树干，甚至吸食树液，说它是“害鸟”。

对于大自然来说，并没有绝对的“益鸟”和“害鸟”之分。好与坏都是我们站在人类立场上的主观判断。每个物种都有其存在的价值和意义，这正是生物多样性的体现。

在岩石上短暂停留的大杜鹃

# 懒得养娃的大杜鹃

## 学名：*Cuculus canorus* / 类目：鹃形目杜鹃科 / 体型：中型鸟类

**生境及分布：**

栖息在中低海拔林地、农田、湿地公园等地的树木上。见于我国所有省份，是国内分布范围最广的鹃形目鸟类之一。繁殖于欧亚大陆，南迁至非洲西部和南部越冬。

**习性：**

有寄生习性，不筑巢，将卵产于其他鸟类的巢中，由其他鸟类代为育雏。

**识别特点：**

上体为灰色，尾羽偏黑色，与四声杜鹃长相很相似。区别在于，大杜鹃虹膜和眼圈均为黄色，胸腹部的横纹较细。而四声杜鹃虹膜为暗褐色，眼圈为黄色，并且尾羽有宽阔的黑色次端斑。

大杜鹃就是我们常说的“布谷鸟”。春夏季，我们总是可以听到大杜鹃从树林里发出“布谷”的叫声。偶尔，我们也能听见短暂急促的“布谷——布谷——”声，那是四声杜鹃的叫声。一般来说，大杜鹃发一声“布谷”，而四声杜鹃会连续发两声“布谷”。

大杜鹃总是在林子上空飞翔或是站在树木的顶部，或许是在巡逻，正酝酿要把蛋产在哪个鸟窝里呢。它们不筑巢，雌雄大杜鹃交配后会把蛋产在其他鸟的巢里，雏鸟由被寄生的义亲抚养长大。

驱赶大杜鹃的东方大苇莺（根据学生芳简拍摄的照片创作）

大杜鹃在每个繁殖季节会产下多枚蛋，但一只雌鸟在一个鸟巢里只产一枚蛋。因为它们的寄生行为不是每次都会成功的，所以要提高繁殖率，就必须广撒网。

在北京的夏日，我们经常可以看到东方大苇莺驱赶大杜鹃，目的就是防止它们来自己的巢里产卵。大杜鹃的宿主不光有东方大苇莺和棕尾伯劳，国内已经有确切记录的至少就有 24 种鸟类，世界范围内已记录的超过 100 种。

大杜鹃在产卵之前会先在宿主巢附近蹲守观察。它们的产卵速度极快，会专门选择宿主不在巢里的时机，迅速溜过去产卵，整个过程只需要几秒钟的时间。因为速度一旦慢了，可能就会被发现，前功尽弃。

下页是棕尾伯劳的巢。一般棕尾伯劳一次产 6 枚卵，这窝却有 7 枚，其中一枚就是大杜鹃的。你能辨认出是哪个吗？

棕尾伯劳的卵钝端（较大的一端，也是气室所在位置）有很多斑点，而大杜鹃的拟态卵（模仿棕尾伯劳卵的形态产下的卵）色斑则位于较尖的一端。

当然，宿主很多时候会认出大杜鹃的蛋，把它推出巢去，或者干脆直接弃巢。但宿主也经常稀里糊涂地把大杜鹃宝宝孵出来。

棕尾伯劳的巢里之前不是有 7 枚卵吗？为什么

“守护荒野”志愿者岩蜥观测到的棕尾伯劳鸟巢

独占棕尾伯劳鸟巢的大杜鹃宝宝
（根据岩蜥拍摄的素材创作）

只剩下一只大杜鹃宝宝呢？

原来，大杜鹃雌鸟成功产卵之后，大约10天，卵就会孵化，比宿主卵的孵化时间短，大杜鹃宝宝也就更早破壳而出。它出壳后的第一件事就是把巢内的其他卵或雏鸟推出巢去。大杜鹃宝宝的背部有个明显的内凹，上面有专门的感觉触毛。它眼睛都还没睁开，就会配合蹬腿和向外拱翅膀的动作，把感知到的巢内的其他蛋或雏鸟推出巢去。

此时这个小家伙还没睁眼睛呢，怎么就知道要排挤巢内的其他成员？或许这就是刻在基因里的生存之道吧。

到了雏鸟阶段，宿主不再进行选择和排斥，就会一直把大杜鹃宝宝当亲生孩子一样抚养。有时候，这样的场景真的令人难以置信。独占养育资源的大杜鹃宝宝比自己的义亲还要大一圈，却依然站在枝头张嘴等着人家忙前忙后地抓虫子喂它！

从情感上讲，我很难接受大杜鹃的生存策略，万分同情被寄生的鸟妈妈，也为被推出鸟巢的新生命感到惋惜。但即使再残酷，这些都是大自然生生不息的一部分。

假装自己是一根芦苇的大麻鳽

# 北京城里“唯一”的大麻鳽

## 学名：*Botaurus stellaris* / 类目：鹈形目鹭科 / 体型：大型鸟类

### 生境及分布：

生活在河流、湖泊、池塘和湿地的芦苇丛中，在中国各省份均有分布。

### 习性：

栖息于芦苇丛中，生性谨慎，善于伪装。常常站立在浅水的芦苇丛中捕食，以小型鱼类、虾、蜥蜴、蛙和昆虫等动物性食物为食。

### 识别特点：

跟其他鹭科鸟类一样，拥有长长的脖子、喙和腿。身体呈淡淡的黄褐色，颈部有褐色竖条状斑纹。

大麻鳽在芦苇丛中行动非常缓慢，但在捕食的时候就丝毫不含糊了。它会站在芦苇丛里抬着脖子望向天空，假装自己是芦苇。脖子上的竖条纹也确实给它带来了一定的隐蔽效果。

我第一次见到大麻鳽是在奥森潜流湿地的芦苇荡。这片芦苇荡，夏天有东方大苇莺筑巢，大杜鹃寻找宿主，秋冬则有文须雀、震旦鸦雀、棕头鸦雀来觅食，也让大麻鳽在迁徙途中有了藏身之地，它们得以在这里休息和补给。

据说从 2013 年开始，每年都会有一只大麻鳽来这里过冬。这里总有人投喂诱拍，甚至有人把鱼挂到树枝上，引诱大麻鳽来吃。我就亲眼见过有人把泥鳅和红鲤鱼扔到冰面上诱拍。这些行为在某种意义上可能改变了大麻鳽的饮食结构和行为模式。我围观过整个投喂过程，有人先把活泥鳅扔在岸边的冰上，等待大麻鳽从芦苇里慢慢走出来，一旦它叼住泥鳅，快门声就响起一片。

大麻鳽生性警惕，喜欢隐蔽的环境，在芦苇丛深处觅食，会回避出现在空旷的水域，所以很难直接观察到。这样拍摄出来的照片，内行一眼就能看出并不自然。

有一年，这只大麻鳽腿部受伤，所幸得到了人们的救助，靠着人们投喂的小鱼和泥鳅康复，度过了冬天。或许正是如此，它慢慢对人类放松了警惕，一旦发现岸边有食物，便不顾面对几十部相机的压力，走出来觅食。2021 年 2 月，有消息称这只大麻鳽受伤了，被北京市野生动物救护中心接走，但最终救助失败。经过兽医解剖确认，它的肺部遭到钢珠击穿，伤重不治而亡。

蛐蛐老师说："它曾经因为人们的友善而活，也因为有些人的邪恶而死"。北京城区唯一稳定出现的大麻鳽就这样死了，有谁来祭奠它呢？我们能不能做个警示牌挂在公园里，让前来游玩的人们看看这只大麻鳽的故事，也顺便学习一点关于野生动物的知识呢？大麻鳽已被纳入《北京市重点保护野生动物名录》。我们平时如果遇到有人用弹弓打鸟或者其他伤害野生动物的行为，在保证自身安全的情况下，一定要上前制止，也别忘了及时取证和报警。

把一件事做好，可能需要很长很长的时间去积累，而破坏只需要一瞬间。

奥森里被弹弓打死的大麻鳽

海滩上的勺嘴鹬（参考盐城李东明老师拍摄的照片绘制）

# 自带饭勺的小鸟——勺嘴鹬

**学名**：*Calidris pygmaea* / **门类**：鸻形目鹬科 / **体型**：小型鸟类

**生境及分布**：

全球仅有600～700只，属极度濒危物种，国家一级保护野生动物。仅见于东亚—澳大利西亚候鸟迁飞区。

**习性**：

喜欢小群聚集在沿海滩涂，和其他鸻鹬类一起觅食。主要食物为小蛤、蠕虫、小蟹和其他小型无脊椎动物。

**识别特点**：

体长14～16厘米，因喙形像勺子而得名，被大家亲切地称为“小勺子”。非繁殖季节上体多为斑驳褐色，下体为白色，繁殖季节头部、上胸部和颈侧为橘红色。

勺嘴鹬的喙呈扁平勺状，长得像勺子。仔细看，它的喙其实更像一把铲子，小铲子上密布感知猎物的神经末梢。勺嘴鹬把扁扁的喙插入泥中，就可以很容易地找到食物。它们采用“刺”“横扫”“吸食”等方式进食，扁扁的喙还有助于过滤食物。

勺嘴鹬身材娇小，却蕴含着巨大的能量。它们每年冬季在中国南部和东南亚沿海越冬，我国的雷州半岛和广西部分沿海地区是其重要的越冬地；夏季回俄罗斯远东地区繁殖；春秋两季都会途经黄海潮间带。已知它们迁徙过程中最重要的中停地就是江苏的沿海滩涂。

2023 年的春天，我有幸在海南白马井和两只勺嘴鹬有过一次亲密接触。

勺嘴鹬虽然是一种很容易识别的水鸟，但走进偌大的儋州湾滩涂，我还是忍不住惊叹，滩涂那么大，勺嘴鹬才那么一点，要找到它们不是件容易的事。这种强烈的对比只有身临其境才能体会到。

观察和拍摄完毕后，我就开始感叹：这么大一片滩涂就只有两只小小的勺嘴鹬，它们对这片滩涂乃至整个世界来说都是微不足道的。但它们又是强大的，从俄罗斯东部经中停地江苏沿海滩涂迁徙到

海南白马井广阔的滩涂上一只小小的勺嘴鹬看起来是那么孤独

这里来，8000 多千米的路程，每年都这么来回。活下来不仅需要充足的食物，还需要躲避无数自然灾害、天敌和人类的陷阱，这是多么的艰难啊！

过去的几十年里，勺嘴鹬最重要的中停地——黄海地区的滩涂湿地因为人类活动大量减少，导致诸多水鸟（特别是鸻和鹬）数量急剧下降，勺嘴鹬的处境更是堪忧。全球可繁殖的勺嘴鹬数量仅 200 多对，被列为极度濒危物种。

我观察了几个小时勺嘴鹬，它们就如多数鸻鹬一样，除了吃，就是找吃的，没干过别的事。一片地方的食物吃得差不多了，就撑一下翅膀，飞走了。

有人可能会觉得，勺嘴鹬就是个“吃货”。看，我们人类多聪明，多有追求。但经历了这 3 年，我相信每个人都很清楚，只有活下来才有其他的可能。勺嘴鹬和其他动物一样，也只有两个理想，一是活下来，二是繁衍后代。但偌大的世界，竟然快要容不下它们了吗？

像勺嘴鹬这样长距离迁徙的鸟还有很多。斑尾塍鹬是已知鸟类中不停歇、长距离飞行的世界冠军，单次迁徙飞行距离可达 10000 多千米。它们一生飞行的里程超过从地球到月球的往返距离。

就在这片滩涂，我感受到了勺嘴鹬的孤独。两只出生在俄罗斯东部的小鸟，不远万里一路艰辛来到中国的南海。这是何等的壮举，这又是怎么样的孤独？

鸟类数万年来都会忠实于自己的栖息地，几乎不会改变。勺嘴鹬到现在还没灭绝，靠的就是那几片看起来啥都没有的“烂泥地”。

勺嘴鹬觅食的这片滩涂还生活着黑脸琵鹭和很多种鸻鹬、中国鲎和遍地的短指和尚蟹、招潮蟹，以及很多我没发现的小生物，它们都是这片滩涂的主人，也都生活在人类活动的范围内。如果人们都来赶海，这片滩涂可能就完蛋了。幸亏这里不是沙滩，而是一片没用的烂泥地。幸亏经济发展没有那么快，这片烂泥地没有被开发建设高楼大厦。也幸亏儋州的白马井镇不是什么热门旅游地，才能让这里拥有 5 种猫头鹰（仓鸮、领角鸮、草鸮、栗鸮、褐林鸮）和包含 100 多只扇尾沙锥的池塘。

我感受到了勺嘴鹬的无助和孤独。只怕将来比它们更孤独的是我们自己。

在迁徙的途中，勺嘴鹬和其他水鸟遇到了很多

"守护荒野"志愿者——闪雀老师为我们讲解勺嘴鹬的迁徙

共同的问题：渔网误捕、环境污染、栖息地丧失（工业开发、滩涂围垦、旅游开发）、盗猎和互花米草对栖息地环境的破坏。

2010 年，科学家们震惊于勺嘴鹬数量每年 26% 的下降速度，决定联合各个组织在勺嘴鹬迁徙路线上开展保育工作，要把它们从灭绝边缘拯救回来。

互花米草原产于美洲，属于入侵物种，生长密度大，繁殖力强，会污染水质，破坏滩涂生态环境，威胁底栖生物和海鸟的生存，导致生物多样性下降。大量本土盐沼植物因竞争不过互花米草而逐渐消失。互花米草没有本地天敌，目前已经对我国沿海的经济发展和生态环境造成了很大的影响，而且很难彻底清除。

勺嘴鹬在梳理繁殖羽

人们通过给勺嘴鹬装上超轻的卫星跟踪器[9]来确定它们的迁徙路线。科学家们在位于俄罗斯远东的勺嘴鹬繁殖地实施了“偷蛋计划”：先是从勺嘴鹬的巢里偷走鸟蛋，促使勺嘴鹬妈妈产下更多蛋；然后进行人工孵蛋，并把勺嘴鹬宝宝喂养大。当雏鸟具备飞行能力以后，在它们腿上装上个体识别的旗标后放归。

我们身边也有一些公益机构和志愿者朋友在积极地做事。“勺嘴鹬在中国”是一个非政府组织，致力于保护勺嘴鹬和其他迁徙水鸟及其栖息地。他们的工作内容主要包括水鸟调查、政策倡导和社区建设，主要野外工作地点位于江苏南通、盐城和连云港沿海地区，影响力覆盖整个黄海地区以及中国南部的沿海滩涂。大家可以关注他们的公众号“和勺嘴鹬在一起”了解更多关于水鸟的信息。

⑨ 这是世界上最小的卫星跟踪器，仅重 1.9 克。这种跟踪器用胶水固定在鸟背部的羽毛上，通过太阳能电池板充电。——作者注

2020年，全国首个勺嘴鹬小站在南通市如东县落成。这是一个由集装箱制作而成的展厅，向人们展示勺嘴鹬的迁徙和生存现状

尽管人们做了诸多努力，但一直到2022年，勺嘴鹬的种群数量仍然在以每年8%的速度下降。或许我们正在见证勺嘴鹬的灭绝。

要让勺嘴鹬这个极度濒危的物种在地球上继续生存繁衍不是一件容易的事，需要我们做出一些改变。而未来是什么样子，也取决于我们共同的努力。

鸻和鹬都属于鸻形目，常常能看到它们混在一起，但它们寻找食物的方式不同。鸻多通过眼睛来寻找食物，鹬则是通过喙来寻找食物。

金眶鸻、环颈鸻在滩涂上寻找食物的方式是快速跑动，把躲在地底的虫子惊吓出来，然后通过眼睛来寻找食物。而鹬则是用喙戳进泥土里寻找食物，据说鹬把喙戳进泥土后，能感知到方圆10厘米之内的食物。

站在乱石上的粉红椋鸟

# 粉色小精灵——粉红椋鸟

**学名：***Pastor roseus* / **门类：**雀形目椋鸟科 / **体型：**中型鸟类

**生境及分布：**

中国西北开阔环境的繁殖鸟，迁徙至新疆、甘肃及西藏西部。迷鸟也有到上海和香港的。分布于欧洲东部至亚洲中部及西部，每年4月来中国西北部繁殖，秋季迁离至印度，迷鸟至泰国。

**习性：**

喜群居，常见集大群活动于干旱的开阔地。主要在地上觅食。食量惊人，每天可捕食蝗虫100多只。每日进食量甚至超过了自己的体重。

**识别特点：**

虹膜为黑色，嘴、脚、胸腹部均为粉褐色，其余为亮蓝黑色（结构色）。有时候头顶的发冠会翘起。

粉红椋鸟，我在新疆见过几次。除了穿着粉色的“T恤衫”，发型比较炫酷外，我没觉得它们有什么新奇的地方。

新疆很多地区都有粉红椋鸟，它们爱吃蝗虫。农牧民曾经大量使用杀虫剂消灭蝗虫。杀虫剂的价格昂贵，但收效甚微，还会造成环境污染，减少了粉红椋鸟的种群数量。20世纪80年代开始，专家发现用生物防治蝗虫的效果更好，就通过人工招引粉红椋鸟来控制蝗虫的数量，实现了环境保护和农业生产的双赢。

说到这里，我想起一个关于保护粉红椋鸟的故事。

2018年的6月24日，守护荒野的志愿者们在新疆尼勒克县218国道观鸟时，意外发现一大群粉红椋鸟在公路两旁的乱石堆中筑巢，而这个乱石堆正好位于一处工地中。一周后工地即将施工，挖掘机已经开到了现场。小鸟们并不知道自己和孩子们的处境有多危险。情况紧急！

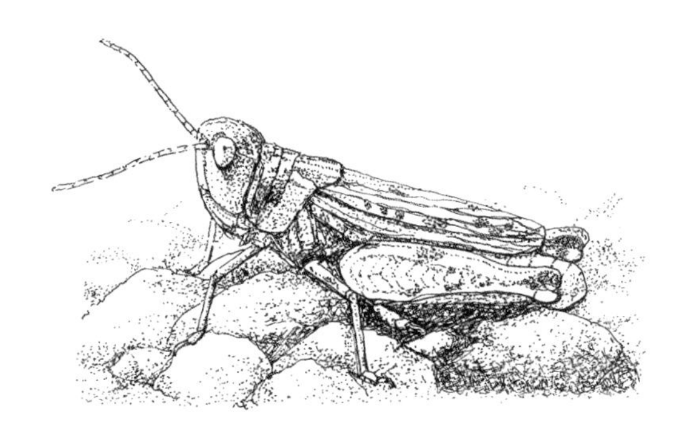

蝗虫

守护荒野的西锐大队长提出的粉红椋鸟保护方案中有这么一段文字：

“如果继续施工，很可能使得亲鸟弃巢，最后导致饥饿的幼鸟惨死在挖掘机下。再者，继续施工很可能导致本年粉红椋鸟的数量大幅减少。这对当地的害虫控制不利，将导致蝗虫大量繁殖，对农业经济造成不良影响。”

志愿者们向工地的建设工人们讲解了粉红椋鸟迁徙来新疆繁殖的故事。但工程浩大，现场的工作人员没有办法决定如何处置。

当晚，守护荒野的兔狲小队长召集志愿者们开会决定，发动云守护志愿者的力量，让更多人关注到这一群粉色小精灵的命运。另外，西锐大队长多方请教专家，最后草拟出对粉红椋鸟繁殖区及哺育期加以保护的建议：请施工方立即停工，并在繁殖区设立围网，悬挂警示标语，待幼鸟全部出巢后再恢复施工。

成群的粉红椋鸟和正在施工的工地

6月25日上午，志愿者们在守护荒野微信公众号和新浪微博发布了紧急通告，让更多人知道正在发生的紧急情况，呼吁大家参与野生动物的保护与传播。一场抢救鸟宝宝、与时间赛跑的行动开始了。此条微博转发量达到400万次。显然这件事很快得到了广大网友的关注，亦有很多机构和相关媒体响应。粉红椋鸟要生宝宝变成了一个全社会都在关注和为之揪心的大事件。

25日下午，国家林业和草原局表态，将对此事进行核查并部署工作，要求施工方第一时间停工，当地野生动物保护部门开展现场调查。负责"守护荒野"后台管理的志愿者把这个好消息发到云守护群里，大家纷纷点赞。大家悬着的心终于可以放下来了。

施工暂停。很快，繁殖区的围网拉起来了，"椋鸟孵化区"的保护牌竖起来了。

对于施工方来说，这是一个艰难的决定。受季节和气候的影响，新疆每年可以施工的时间很短暂。停工一个月，意味着后期要增加上百万元的成本。所以，也请我们记住这些为粉红椋鸟让路的单位和人们。

单位名称：中油（新疆）石油工程有限公司。

当地配合部门：新源县林业局。

施工方负责人：项目总工程师姜东军。

施工一线工程师：董志闫。

不是所有的鸟都这么幸运。快速推进城市化进程以来，鸟类在工地上筑巢的事件屡有发生。在这场力量悬殊的较量中，鸟类获胜的概率太小了。

"椋鸟孵化区"的保护牌

### 为什么要保护非国家重点保护野生动物

有很多朋友会说：粉红椋鸟又不是国家重点保护野生动物，而且在《世界自然保护联盟濒危物种红色名录》的核定等级中属于“无危”等级，这一批繁殖失败也没什么关系吧。

当然不是这样的。

候鸟往往集群迁徙。如果你在一个地方看到很多候鸟，那么可能这些就已经是它们整个种群中的很大一部分了。所以一旦大批候鸟在一个地方遭殃，就会给整个种群造成重大打击。黄胸鹀（禾花雀）就是一个很好的例子。由于途经一些地区时遭到抓捕，原本数量众多的黄胸鹀现在属于“极危”等级。

准备给宝宝喂食的粉红椋鸟

文字：勺嘴鹬在中国

设计/插画：丫丫鱼

绘画媒介：水彩，铜版画

欲了解更多关于连云港的鸟类资讯，欢迎关注我们

# 连云港明星鸟

## *Lianyungang's Favorite Bird*

我为“勺嘴鹬在中国”连云港湿地鸟类保护活动设计的宣传单

半蹼鹬也存在同样的情况。2021 年春季，半蹼鹬在连云港被记录到的数量达到了 27000 只，占全球种群的 118%。半蹼鹬似乎越来越多了，按理说是好事。不过这些鸟儿集中迁徙到连云港，相当于“把所有鸡蛋放在一个篮子里”。一旦种群受到传染病的威胁或者环境发生变化，它们将遭受灭顶之灾。目前的连云港滨海湿地仍然受到人类活动和外来物种入侵的影响，而且周围几乎没有任何保护措施。所以“近危”等级的半蹼鹬，可以达到“易危”甚至“濒危”等级。

野生动物保护工作刻不容缓。即使不是国家重点保护野生动物，我们也应该重视，并保护它们。

《世界自然保护联盟濒危物种红色名录》(简称 IUCN 物种红色名录) 3.1 版中核定的物种受威胁等级为以下 9 类：

绝灭 Extinct (EX);

野外绝灭 Extinct in the Wild (EW);

极危 Critically Endangered (CR);

濒危 Endangered (EN);

易危 Vulnerable (VU);

近危 Near Threatened (NT);

无危 Least Concern (LC);

数据缺乏 Data Deficient (DD);

未予评估 Not Evaluated (NE)。

一对白头硬尾鸭（前面为雄性，后面为雌性）

# 据说是唐老鸭的原型——白头硬尾鸭

**学名：***Oxyura leucocephala* / **类目：**雁形目鸭科 / **体型：**中型鸟类

**生境及分布：**

全球5300~8700只，濒危物种，国家一级保护野生动物。主要分布在地中海西部、北非中部、部分东欧国家及邻近西亚地区，中亚至我国新疆北部。天津、陕西、四川、湖北等地偶见。

**习性：**

多在有芦苇丛的淡水水域活动，行踪比较隐蔽，怕人。喜欢和其他鸭科鸟类混群，潜水觅食水生昆虫、小鱼及其他水生动植物。

**识别特点：**

比较容易识别的矮胖型褐色鸭。额头比较高。尾尖常向上翘起。雄鸟脸颊为白色，头顶为棕黑色，喙为钴蓝色。雌鸟头部多为暗棕色，口角至枕部有一道白纹，脸颊下部为白色，喙为棕黑色。

说起白头硬尾鸭，你可能会感到陌生，但说起唐老鸭，你肯定知道，据说，唐老鸭的原型就是白头硬尾鸭。

白头硬尾鸭每年4—10月在新疆，10—11月迁往越冬地。国内只有在新疆能稳定地见到白头硬尾鸭，但也只有三四个湖泊有它们的繁殖记录。它们已经被世界自然保护联盟评估为“濒危”等级，野外种群的数量仍呈下降趋势，2021年被列为我国的国家一级保护野生动物。

提到白头硬尾鸭，不得不提新疆的白鸟湖。我每次去新疆都会随守护荒野的志愿者们一同到白鸟湖边观鸟。这个位于乌鲁木齐市郊的咸水湖东西长约5千米，南北宽约3千米。那里有153种鸟类，占整个新疆鸟类的33.8%。2007年，观鸟爱好者在白鸟湖发现了45只白头硬尾鸭，那也是白鸟湖白头硬尾鸭数量最多的一年。

近年来，白鸟湖湿地明显萎缩，附近矿山开采，工业园区不合理规划，污水排放，以及盗猎、捡蛋、毁巢等人类干扰破坏的行为，导致白头硬尾鸭这一濒危物种栖息地丧失，种群数量快速下降。

守护荒野的志愿者们也一直在关注这片区域。2015年，大相准备在白鸟湖开发皮划艇营地，“惨遭”守护荒野阻止，后来阴错阳差地成了守护荒野的志愿者，再后来，她成了白鸟湖保护项目的执行官。在她和守护荒野团队的鼓励之下，白鸟湖旁边的开发商也主动加入白鸟湖的保护工作。甚至小区业主们也买了望远镜，没事的时候协助志愿者观察湖面情况，并及时举报不当行为，参与保护。

2016年5月7日，由守护荒野志愿者自愿组织参加的白鸟湖巡护队成立。这支巡护队一共有36人，一半是白鸟湖边的业主，一半是乌鲁木齐市民。他们都想为白鸟湖做点事情。

守护荒野的志愿者大相在白鸟湖边捡拾垃圾

刚出壳的白头硬尾鸭宝宝“希望”

白鸟湖巡护队队长岩蜥与小白头硬尾鸭“希望”告别

2016 年 6 月 14 日，巡护队队长岩蜥和巡护队队员们在巡护过程中从偷蛋人手中截下了 43 枚鸟蛋。由于大部分鸟蛋已经受损，或者因为人工孵化环境温度过低，最终只有 3 只小鸟得以孵化并被放生。最让人兴奋的是，这 3 只小鸟居然都是白头硬尾鸭。巡护队队员后续观察发现，其中两只小白头硬尾鸭存活，一只死亡。

白鸟湖东岸有一片被机油污染的水域，岩蜥后来就是在这里发现了那只成功孵化、被放生后夭折的白头硬尾鸭宝宝。岩蜥把它带回家解剖后，发现它的消化器官中都是机油污染的痕迹。

这只死去的白头硬尾鸭宝宝是 3 枚鸟蛋中最小的那个孵出来的，不过它却是第一个破壳而出的。当时，岩蜥和巡护队队员们给它取名“希望”，因为他们希望白鸟湖湿地的鸟儿们每年都能来到这里繁育后代。

白鸟湖虽是个被污染了的咸水湖，但也有人来游泳。有人带着鲤鱼、乌龟来这里放生，却不知道这是咸水湖，放生就是杀生。也幸亏这是咸水湖，不然被放生的生物亦可能对本地生态系统造成不良影响。还有来湖边抓蝎子、挖药材、挖野菜、摘芦苇的人，钓鱼的人，散步的人，露营的人，这些都会破坏湿地脆弱的生态系统。也有人开着越野车冲到湖边洗车，碾坏了一路植被。还有牧民赶着骆驼来这里放牧，还好鸟类繁殖季节他们不来。

志愿者们对白鸟湖开展了为期两年的巡护工作。他们整日整夜地在白鸟湖周围巡护，拉网，建观鸟屋，“劝离”一批批的游泳和烧烤、掏鸟蛋、划皮划艇、制造环境污染的人群，但也经常因没有执法权，无法有效制止违法行为。

2017年春，冰雪还没化，白头硬尾鸭还没迁徙来，大相就带着志愿者们在白鸟湖边拉起了长达300米的防护围栏，地产开发商中城国际城又捐助了500米防护围栏，显然他们也认可良好的自然环境会给小区加分。再后来，志愿者们又得到了阿拉善SEE任鸟飞项目的资助和其他志愿者、公众的捐款。

2017年，随着100多位志愿者的加入，白鸟湖湿地保护项目组扩大招募规模，成立了“百鸟汇”志愿者团队，包括白鸟湖巡护队、鸟调组、环保组和自然教育组。

这一年春天，一共有8只白头硬尾鸭回到白鸟湖，其中3只雄性，5只雌性。

志愿者们开始给它们下的一窝窝蛋编号，提供保护。然而大家无法随时巡逻几千米长的水岸线，只能眼睁睁地看着很多编了号的鸟蛋被人偷走。

这一年，湖边建起了污水处理厂，排污口直通白鸟湖，引起湖水上涨。白头硬尾鸭的巢建在近水位置，这导致鸟巢进水，鸟蛋浸泡在水里。3个月后，相关管理部门在守护荒野志愿者的引领下查封了排污口。

2017年5月7日，是白鸟湖巡护队成立一周年的日子。这一天，巡护队队员们发现一只白头硬尾鸭漂浮在芦苇荡中。这是一只准备在这里安家的亚成体白头硬尾鸭，头部嵌入一颗直径8毫米的钢珠，显然是被人用弹弓打死的。此后，其他白头硬尾鸭很长时间没有出现在人们的视线里，可能是受到了惊吓。

后来，人们给这只被钢珠打死的白头硬尾鸭取名“小七”。专家们对“小七”进行尸体解剖，打开它的头颅后，场面令人泪下：钢珠穿入头部，整个颅骨被打得粉碎。再后来，人们把这只珍贵的白头硬尾鸭制作成标本，展示在国家自然博物馆。

6月30日，巡护队队员发现，远处的一对白头硬尾鸭好像正带着一只不同种类的小鸭子玩耍。7月2日，巡护队队员看到了这样的画面：前面是白头硬尾鸭妈妈，后面是白头硬尾鸭爸爸，而游在中间的备受爱护的鸭宝宝却不是它们的孩子。经仔细辨认，巡护队队员确定，这对白头硬尾鸭爸妈带的是赤嘴潜鸭的幼鸟。

后来，被“拐带”的小赤嘴潜鸭回到了自己的家庭。这对孤独的白头硬尾鸭情绪低落，总是在赤嘴潜鸭群落附近徘徊。这一年，没有一窝白头硬尾鸭在白鸟湖繁殖成功。

随着志愿者们的不断努力，事情慢慢出现了转机。巡护队不再孤军奋战。政府和相关部门听到了来自白鸟湖的声音。在政府和相关部门的支持下，正式的保护区巡护站成立了，百鸟汇志愿者自发组成的巡护队从此退出巡护工作。

谢谢你们，来自各行各业的帮助白鸟湖鸟类的志愿者！谢谢那些曾给予过白鸟湖鸟类关心和帮助的好心人们！

2007—2021 年白鸟湖白头硬尾鸭的观测数据

2007 年峰值 45 只
2008 年峰值 19 只
2009 年峰值 7 只
2010 年峰值 14 只
2011 年峰值 7 只
2012 年峰值 16 只
2013 年峰值 14 只
2014 年峰值 13 只
2015 年峰值 17 只
2016 年峰值 24 只
2017 年峰值 8 只
2018 年峰值 16 只
2019 年峰值 6 只
2020 年峰值 2 只
2021 年峰值 2 只

以上数据来自守护荒野志愿者团队白鸟湖项目、白鸟湖湿地巡护队、新疆观鸟会、鸟类摄影爱好者的观测和统计。

一对白头硬尾鸭夫妇“拐带”了一只赤嘴潜鸭幼鸟（中）

守护荒野共享志愿服务平台成立于 2018 年，由爱好自然和环保的志愿者发起，旨在通过共享、联合的方式打破公益环保的认知壁垒，让自然保护触手可及，让更多人能“重识荒野、守护荒野”。

# 我的观鸟自留地

*The Bird Friends Around Us: Bird Journal*

自留地的原意大概是，农村集体经济组织依法分配给农民长期使用的土地。

而在观鸟群体词典里的“自留地”，是指观鸟人长期观察鸟类并且对该地鸟类活动非常熟悉的区域。自留地，首先得离家或者单位近，方便到达；其次就是有鸟。简而言之，自留地就是到达很方便，经常去，而且能最大限度地观察到鸟类的场所。

自留地不一定有多稀罕、多令人惊艳的鸟。但长期对自留地的鸟类进行深入观察，我们可以理解和掌握当地鸟种的栖息规律和生活习性，并总结出属于自己的珍贵资料。比如什么季节、什么时候、什么鸟会来，出现在什么位置，吃什么，和谁是朋友，又跟谁是死对头。当然运气好的话，有的时候也可以看到一些本地相对稀有的物种。

我也有这么一片自留地，就是距离我家一千米的龙潭公园。从2013年刚接触观鸟开始，我就经常去那里。虽然现在我已经不算刚入门的观鸟人，但那里仍然是我观鸟次数最多的地方。不同的季节，不同的时间，同一种鸟，可能看到的鸟况都不一样。细心观察，可能每一天都有新发现。

我在龙潭公园观察到了50种野生鸟类：斑嘴鸭、西伯利亚银鸥、普通雨燕、家燕、喜鹊、红隼、珠颈斑鸠、燕隼、雀鹰、苍鹭、白腹鹞、丝光椋鸟、黑尾蜡嘴雀、白鹡鸰、乌鸫、小鸊鷉、绿头鸭、红尾斑鸫、大嘴乌鸦、灰头绿啄木鸟、星头啄木鸟、大斑啄木鸟、燕雀、沼泽山雀、红胁蓝尾鸲、灰椋鸟、北红尾鸲、小嘴乌鸦、白头鹎、黄腰柳莺、红喉姬鹟、小太平鸟、乌鹟、八哥、红喉歌鸲、双斑绿柳莺、黄眉柳莺、褐柳莺、黑喉鸫、普通翠鸟、戴胜、麻雀、金翅雀、

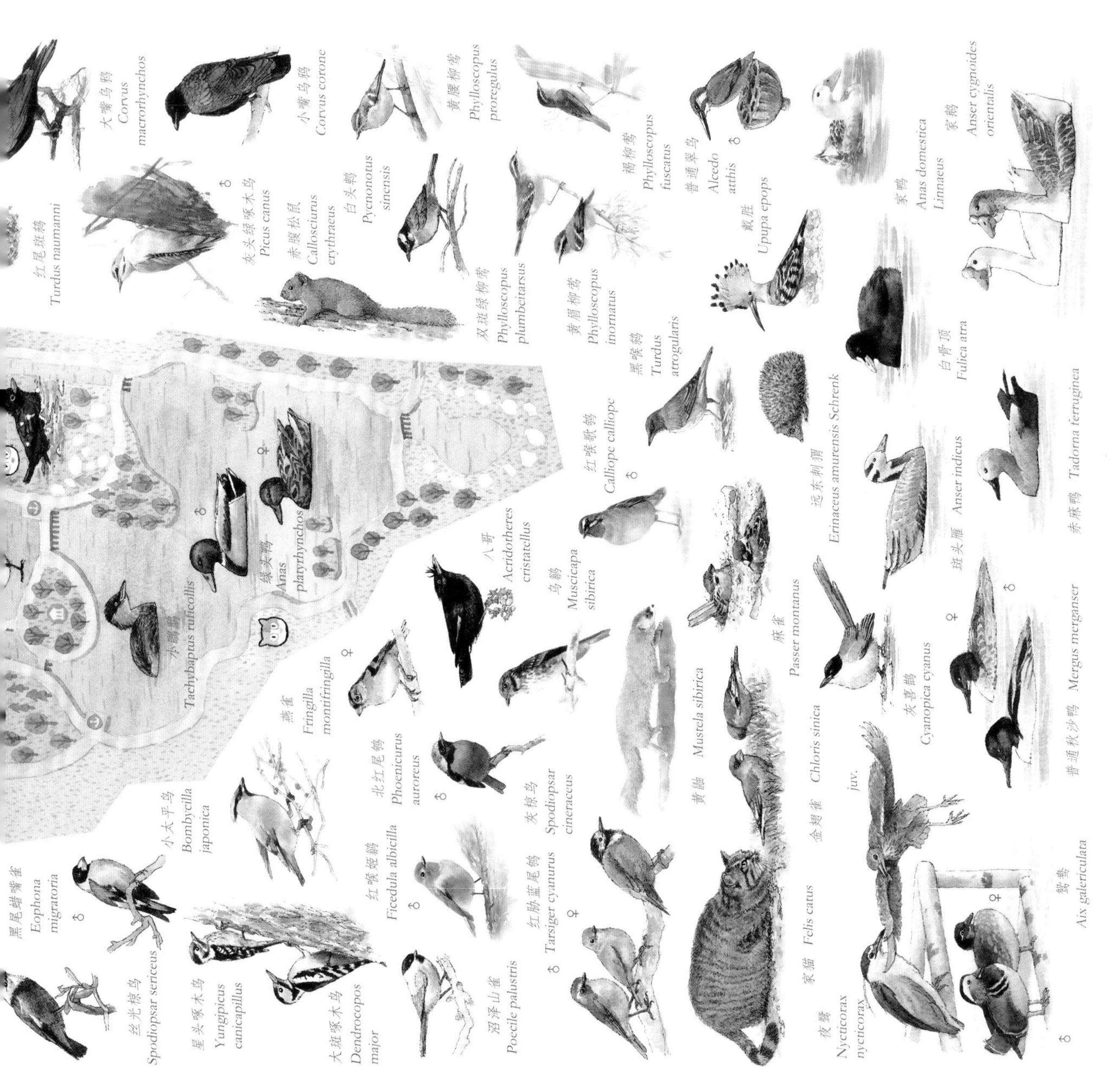


由于画幅有限，未能把所有我在龙潭公园观察到的鸟儿都画到这幅地图上

夜鹭、鸳鸯、灰喜鹊、普通秋沙鸭、斑头雁、赤麻鸭、白骨顶。

除了这些鸟类，还有令人惊喜的东北刺猬、黄鼬、赤腹松鼠。不过这些动物的数量非常少，也不容易见到，算是观鸟之余的一些可遇不可求的惊喜。

那里的常住居民还有家鹅、家鸭、流浪猫，多是被人“放生”或自己逃逸的，它们的存在对环境也有影响。有人在公园里放置了数个猫窝，每天也都有人投喂流浪猫、绿头鸭和鸳鸯，尽管公园设立了“禁止投喂野生动物”的牌子，但显然起不到任何作用。

## 春

北方的初春，风凉飕飕的，虽然冰雪都融化了，但还是有些冷，比起冬天来暖和了一点，水源和食物都更充足。

龙潭公园的普通秋沙鸭 2 月还没有迁往北方。绿头鸭和鸳鸯更活跃了一些。

鸳鸯们有一部分开始上树了，我看应该快到繁殖的季节了。不过龙潭公园可能并不适合鸳鸯们培育下一代。游人太多，公园空间小，可能会对鸳鸯的繁殖有影响。树下多是水泥地面，鸳鸯幼鸟出窝时会从树洞直接摔到地上，然后跟随父母学习觅食和飞行，但如果摔到水泥地面上，存活可能就会受到影响。

只要刮风，小嘴乌鸦就会集群，在天上飞翔，而大部分其他鸟儿都会找地方躲起来。

再暖和一点，白鹡鸰就来了。每年冬天，龙潭公园的工作人员都会把北湖的水抽干，造雪，举办冰雪嘉年华。冰雪嘉年华结束后，湖底就会形成一片沼泽似的地貌，湖底的泥土里藏有很多蠕虫。每年春天，白鹡鸰都会被吸引来这里住上一段时间，吃藏在湖底泥土里的蠕虫。它们快速地跑动着，一般飞不太远就会停下来发会儿呆，再继续跑动。这一点有点像乌鸫。2020—2021 年，龙潭湖的冰雪嘉年华活动取消了。春天，白鹡鸰照常来这里，但是来了以后发现沼泽地貌消失了，无奈只能在冰面上艰难地寻找食物。过不了几天，冰一融化，它们就要被迫离开了，因为这里没有合适的栖息地。

大斑啄木鸟任何季节都保持一贯的作风，敲敲树，没找到什么吃的，就继续往上攀爬，还是没找到啥吃的，就扭头飞走，找下一棵树。

我在公园里见过两次红胁蓝尾鸲，这是一种喜欢在灌木丛里活动的小鸟，很害羞。龙潭公园里的游人很多，现在很难见到它们了。

红胁蓝尾鸲

公园里一放水浇灌草坪和树木，就把小鸟们乐坏了，乌鸫最先冲到喷头下淋浴，灰椋鸟、白头鹎、燕雀、金翅雀也纷纷赶来，有的站在草地上，有的在水坑边喝水，有的转着头抖着身上的羽毛，有的干脆直接把半个脑袋埋进水里。灰喜鹊和黑尾蜡嘴雀也会在小水坑附近喝水。小鸟们喝水的动作都差不多，先把喙放进水里，吧唧几下，然后仰着头再吧唧几下，有利于把水咽下去。

“啾、啾、啾、啾、啾、啾、啾”，听！这急促短暂的声音，看来沼泽山雀在附近。我等了一小会，它们就从大杨树上蹦了下来，先是站到碧桃的树枝上，边扑扇着翅膀边用小脑袋蹭树，可能是觉得还不过瘾，过了一会儿干脆直接蹦到圆柏树下刚刚形成的小水坑里洗起澡来。小鸟们洗得差不多了，都会站在圆柏树上晒太阳，晾干羽毛。公园里的树也就圆柏树的枝叶比较密集，能营造出相对私密的环境，小鸟们躲在里面不仅能躲避天敌的袭击，还能避风。

乌鸫和灰喜鹊会在土里找蚯蚓吃，它们都是杂食性的鸟类。

喜鹊可能是最早筑巢的鸟类，2 月就开始筑巢，3 月初巢已经筑好一半了。我见到一对喜鹊夫妇，它

洗澡的白头鹎

衔着树枝筑巢的喜鹊

们其实已经有个巢了，可能是以前的巢不经用了，于是决定今年重新筑一个。它们在距离旧巢 20 多米的地方忙活着，搭建基础框架，一只负责收集树枝作为建筑材料，一只负责在树上搭建。框架搭好以后，它们才会开始做内部装修。

鸟儿们在夏季来临前都在努力补充能量，为求偶繁殖做准备。

## 夏

初夏的天空是最热闹的，是的，普通雨燕又回来了！它们会从 5 月一直待到 8 月底。它们每天早晚在龙潭公园和附近的光明桥周边活动，除了生宝宝以外，几乎一直在飞。它们张开大嘴快速地在湖面上空飞翔，飞虫直接进嘴，这就是为什么有时候它们的喉咙总是鼓鼓的。

龙潭公园东南门附近的荷花长出来了，柳树下的阴凉让人感觉舒适。南门的小池塘每天早晚都围满了人，一部分人拍荷花，一部分人慕名而来拍摄普通翠鸟捕鱼。龙潭公园的河岸都是人工修建的，来往游人较多，可供普通翠鸟休息和捕鱼的地方相对较少，整个公园可能仅有 1 ~ 2 只普通翠鸟，它们应该也会在附近的龙潭中湖公园和龙潭西湖公园串来串去。

夏天能看到的鸟种并不多，一部分迁徙走了，还有一部分在繁殖，它们躲在枝叶茂盛的树上，不容易被看见。鸟圈里总说的“鸟荒”（鸟活动少的时间段，北京大致是 6—8 月，不同地区的情况会有所不同）这个词，大概就是指夏天的城里没什么鸟可看。

一群飞翔中的普通雨燕

两只普通雨燕在屋檐下“聊天”

雌鸳鸯带着宝宝

龙潭公园的乌鸫在杨树的主树干上筑巢，6月它们的宝宝出生了，父母也忙了起来。大斑啄木鸟直接在树上啄出树洞来，在树洞里抚育宝宝。住在古建筑屋檐下的麻雀们也都出来活动了，它们喜欢趴在沙土里刨坑和打滚，这样可以赶走身上的寄生虫。当然，这也是它们洗澡的方式之一。

夜鹭总是很神秘，不知道什么时候就在大柳树上把小鸟给孵出来了。夜鹭宝宝浑身是棕褐色的毛，它们虽然能飞行，但是能力仍然不足。

## 秋

龙潭公园西南门附近有两个很小的岛，游人上不去，夜鹭和鸳鸯在夏季和秋季喜欢在这里活动。它们有时候在小岛的岩石上休息，但更喜欢在水中的铁架上“唠嗑”。

公园北门的西边不远处有个小池塘，池塘水比较深，小鸟们喝起水来并不方便。一天，池塘边的一棵树倒了，树枝插进水里，这下小鸟们可高兴了，站在树枝上就能喝到水了。麻雀、白头鹎、乌鸫、珠颈斑鸠、灰喜鹊、黑尾蜡嘴雀每天都来这里喝水，就连刚迁徙过来的红尾鸫也跟着来到这片宝地。麻雀、白头鹎这样的小鸟一般会站在小树枝上喝水，有的小鸟脖子不够长，就干脆用爪子抓着树枝，倒挂着喝水。乌鸫和珠颈斑鸠这样体型稍大一些的鸟，则会找粗壮一点的树枝或者在岸边水浅的地方趴下喝水。

站在铁架上的鸳鸯

提到秋天，我想起了附近鸟很少的龙潭中湖公园和龙潭西湖公园。这两个地方虽然有水也有树，但环境经过大幅度的人工改造，举办的各类活动也甚多，如市集、游船、抽水、割芦苇等，导致鸟儿在那里找不到合适的食物，又会频繁受到打扰，所以它们并不喜欢。

在冬季来临前，鸟儿们需要尽可能多储存一些脂肪，才能熬过食物短缺的冬季。

## 冬

龙潭公园的湖面11月底开始结冰。

冬季，动物们面临最严峻的考验，一方面是水源缺乏，北方的冬天，绝大多数水体都冻上了；另一方面是食物短缺，植物的果实和种子比较少，虫子也都以卵、幼虫、蛹、成虫等形态藏起来，进入冬眠状态。

龙潭湖东北面大岛的最南端有几棵女贞树。12月初果实成熟，我观察到成群的白头鹎经常聚集在此。

公园北门附近的小池塘初冬的时候还没完全上冻，慕名来到树下喝水的客人越来越多了。我也越来越喜欢这个小池塘。不用走很远的路，不用到处找鸟，在路边蹲着不动，鸟儿们就会自动找上门。有一天傍晚，我在这里还看到了普通翠鸟。我开始为它们如何过冬担忧，很快湖面就都上冻了，它们要去哪里捕鱼，在哪里过冬呢？

小池塘背靠一片假山，假山里住着一只黄鼬，白天不容易看到，它多是早晚才出来活动活动，喝点水的。可惜我只见过这小家伙两次。后来这片地就被一群流浪猫占据了。

1月是一年中非常冷的时候，龙潭湖90%的湖面都结冰了。鸳鸯、绿头鸭、小䴙䴘、家鹅、家鸭们的活动范围越来越小，只有湖的西面有一片地方

**吃果子的白头鹎**

没有冻上。因为离路边很近，所以每次去都可以看到无数游人投喂。绿头鸭和鸳鸯休息的时候就站在冰上，或者干脆趴着。中心岛有一片地方这几年在施工，被拦起来了，鸳鸯冬天也有更多的地方可以休息和嬉戏了。

普通秋沙鸭这几年都会来这里待上两个月，因为湖面有限，本地竞争激烈，鱼也有限，所以仅能容下几只普通秋沙鸭生存。它们野性十足，往往离人较远。

这片没有上冻的湖面偶尔也有一两只斑嘴鸭、白骨顶停留。

再冷一点，小池塘就完全冻上了。鸟儿们很快找到了冰面和路基交界处的水源。每天，太阳升起的时候会照到这里，能将一点点冰融化成水。下雪的时候，它们渴了也会直接吃雪。有一些年份，公园会把小池塘的水抽干。环境总在变化，鸟儿们必须学会适应。

冬季，流浪猫活动最频繁。可能其他季节都比较好找食物，冬天就没那么容易了。它们往往在游人聚集的地方活动，方便晒太阳和要吃的。

日复一日，四季变换，年复一年。排除人为的干扰，野生动物们在这里生活得很自如。希望关注

站在树枝上倒挂着喝水的白头鹎

站在池塘边喝水的乌鸫

站在冰上的鸟儿们

自然的人越来越多，来我这个自留地的鸟也越来越多。

龙潭公园我去过不知道多少次了，随着环境的不断变化，在这里生活的动物们的习性也在不断变化着。我还有很多动物没有看到，绝大多数动物的行为我也尚未观察到。相信你身边也有这样无限精彩的自留地，让我们一起去努力发现和探索吧！

鸟儿们的冰雪嘉年华
龙潭公园的鸟儿们在喝一处冰雪融化的水

# 北京的观鸟地

无论你在哪里，离你最近、你最熟悉的公园就是最理想的观鸟胜地。

当然，这里说的“公园”不限于人造公园，有树、有草、有水的地方都可以，大片荒地里的鸟可能比人造公园里的鸟还多，甚至小区里也有不少鸟可看。我有个朋友就在自己小区里看到了60多种鸟。不过，前提是你住的小区自然环境特别好。再加上荒地在城市里不太多见，所以我觉得还是去最近的公园最方便。

我画的龙潭公园观鸟地图（见170~171页）里基本上涵盖了北京城里大部分常见的鸟。如果你住在北京，在离你比较近的公园里，就可以看到那张地图里的大部分鸟类。

北京被记录过的鸟有500多种。很多书上指的

一处有鸟的生境。一些看似没有鸟的地方实际上也蕴藏着生机

“常见鸟类”，我们并不能轻易看到。想看到那么多鸟种，需要长期的观察，多向观鸟前辈们请教，多跑一些观鸟点，还需要一些运气。我在北京看到的鸟不到300种，还有很多鸟种可以挖掘。

北京适合观鸟的公园很多，通常鸟人们常去的公园如下。

### 1. 奥林匹克森林公园

以前，我住在城北，离奥森近，就会经常去。不过那时候，我还没开始观鸟，后来开始观鸟，但又住得远了，所以去得也少了。

一般我会从公园南门进，沿着湖往西北方向走。湖面上除了最常见的绿头鸭和小䴙䴘以外，还有白鹭、苍鹭等水鸟，甚至还有疑似被人驯养的鸿雁，它们是从隔壁小区飞过来的。沿途能见到乌鸫、水鹨、大斑啄木鸟、灰头绿啄木鸟、沼泽山雀、红胁蓝尾鸲、北红尾鸲、文须雀、棕头鸦雀、雀鹰、绿翅鸭、东方大苇莺、大杜鹃等。幸运的话，冬季还可以在芦苇丛里看到中国特有鸟种——震旦鸦雀。

一直走到沉水廊道，那边有很好的湿地生境，鸟种更丰富。如果体力好，沿着潜流湿地到山上的林子里转转，也会有收获。有一次，我还在那里看到银喉长尾山雀集群洗澡的场面，甚是惊喜。

### 2. 国家植物园北园

国家植物园北园以前叫北京植物园，2022年，北京植物园和中国科学院植物研究所（现称国家植物园南园）合并，共称国家植物园。因为离我家很远，所以我一年只去两次。从南门进，停车和搭乘地铁都比较方便。进门后往西北方向走，春季比较容易看到黑头䴓、大山雀、黄腹山雀（中国特有鸟种）；冬季，小太平鸟会来这里觅食，偶尔能在树上看到红交嘴雀、雀鹰，草丛里还有山噪鹛。冬季的湖里大有看头，大部分湖面都结冰了，只有一两处活水，金翅雀、燕雀、麻雀等小鸟会来这里喝水，我曾看到上百只小鸟喝水的场面，很是壮观。体力足够好还可以走进樱桃沟，那里的溪流长年不断，自然也会吸引很多山区的鸟类。

### 3. 颐和园

颐和园离我家也不近，我去得不多，大多数时候是去看凤头䴙䴘的。从西门进，门口就有地铁站和停车场，很方便。颐和园实在是太大了，在西门

在国家植物园北园南门附近见到的小太平鸟

附近转转比较适合我等懒人。进门后，过京密引水渠，往右边拐过去，就可以找到凤头鸊鷉了。每年春季，凤头鸊鷉会在这里筑巢抚育后代，普通雨燕也会准时到来。冬季，最热闹的该属西门附近的团城湖了，可以看到普通秋沙鸭、鹊鸭、红头潜鸭、罗纹鸭和白骨顶，据说还有朋友在这里看到过中华秋沙鸭。另外，团城湖湖心岛上有成群的苍鹭筑巢，很是壮观。

昆明湖还会有天鹅从北方迁徙而来。

4. 圆明园遗址公园

圆明园遗址公园我以前去得比较多，因为游人相对少一点。提到圆明园遗址公园，大家可能对这里的黑天鹅印象最深。黑天鹅的确好看，不过它可不是我们本地的物种，而是从澳大利亚引进中国的观赏鸟类，不需要我们特殊关照。基本上，我都从南门进，听说这一带经常有普通䴓活动，我在寻找的过程中竟然发现了北京城区罕见的白腰朱顶雀。一路上可以看到鸳鸯、灰头绿啄木鸟、红嘴蓝鹊、黑水鸡等较常见的鸟。走到三园交界处，往西去九州景区，那边人更少，很清静，我就是在这里第一次找到了普通翠鸟，还碰到过黄鼠狼，还经朋友引导找到了罗纹鸭。夏季，这一片湖里种满了荷花，很凉快。往北走，经常能看到山斑鸠在地上觅食，我也有朋友在那里看到过北长尾山雀。往回走的路上可以顺便到福海南边的林子里走走，还能有其他收获 。

### 5. 北京动物园

北京动物园养的很多鸟类都是不那么容易在野外见到的。我很喜欢猫头鹰，刚好这里养了 3 只雕鸮，我来写生过两次。雕鸮附近有绿孔雀展厅，不过绿孔雀的状态不太好。小嘴乌鸦、大嘴乌鸦常年蹲守动物园，随处可见。冬季还能看到集大群的燕雀、灰椋鸟。水禽湖是公园最热闹的地方，除了动物园饲养的一些鸟类以外，来这里蹭吃蹭喝的野生鸟类可不少。慢慢找，找到几十种不成问题。

### 6. 天坛公园

因为离我家很近，我去天坛公园的次数比较多，但那里的鸟况一年不如一年了。主要的观鸟点有两个：北门附近的魔术林和苗圃。几乎每次去苗圃都能看到诱拍的人，除了大爷，我还看见过 20 多岁的年轻人从小药瓶里倒出面包虫，真是让人伤心。

我在天坛公园看到过赤腹鹰捕食麻雀的全过程，还看到过棕腹啄木鸟、戴菊、白眉姬鹟、红喉姬鹟、蓝歌鸲、栗鹀、极北柳莺等不太常见的鸟类。有一年，北鹰鸮也来了，但我没碰上。除了观鸟之外，公园里还可以找到赤腹松鼠、花鼠和欧亚红松鼠。如果没看到什么鸟，看看小松鼠蹦来蹦去地藏核桃、舔树皮也是很开心的。

### 7. 朝阳公园

朝阳公园离我家不算太远，观鸟结束后还可以顺便去附近吃个饭。我爱从公园西门进，大部分时候在湖的西面观鸟。因为体力不太行，我很少去其他地方，所以也没有看到太多特别的鸟类。我去过一次湖北面的林子，那里的人较少，有银喉长尾山雀、戴菊等萌物。迁徙季节总有不少拍鸟、观鸟爱好者聚集在这里。冬季还有苍鹭在北湖湖心岛附近聚集。南园娱乐设施较多，我近些年没有踏足。

## 8. 北海公园

去北海公园观鸟的人也不少。冬天，小太平鸟会聚集在公园西面，但看的人太多，我去过一次后就没再去。湖面有一些比较常见的水鸟：鸳鸯、绿头鸭、普通秋沙鸭、小䴙䴘等。公园里流浪猫很多，大部分区域我还尚未去探索。

## 9. 玉渊潭公园

有一年冬天，玉渊潭公园来了一只花脸鸭。它和一群鸳鸯混在一起，在玉渊潭公园待了好多天，成了这里的大明星。

冬天，北海公园的湖面已结冰，有人在上面滑冰，一雌一雄两只绿头鸭在湖面上空飞过

### 10. 南海子公园

南海子公园在城南。因为去南边不堵车，所以我去那儿的次数比较多，有一半是为北门湖边的凤头鸊鷉而去的，另一半就是从南门进去观鸟了。据说每年都有长耳鸮来此，但我专程去了几次都没找到。我喜欢在南区东面的林子里转，每年冬天都能看到银喉长尾山雀、红尾鸫、燕雀、沼泽山雀、大山雀、黄腹山雀、锡嘴雀、黑尾蜡嘴雀、鹪鹩。有一次还看到了北京稀有鸟——栗耳短脚鹎。

### 11. 翠湖国家城市湿地公园

这个公园一直要求游客预约，还特别难约上。我有幸跟随北京观鸟会的志愿者老师们去过一次，去做鸟类环志。这里鸟种不少，又少有游人，实在是观鸟胜地，就是远了点。

### 12. 百望山森林公园

平时这个公园比较清静，可每年迁徙季节就会变得人山人海，大家都是来这里看猛禽过境的。如果天气和风向合适，再加上运气足够好，一天可以看到几百只猛禽。

### 13. 绿堤公园

这个公园也离我家比较远，我就去过一次。永定河断流，其中的一段河道在这里形成了很大一片湖，因为有大片芦苇，所以有水鸟栖息在这里。听人说文须雀和震旦鸦雀每年都来。

郊区适合观鸟的地方有以下几处。

### 1. 昌平新城滨河森林公园（沙河水库）

昌平新城滨河森林公园位于沙河水库附近，公园外围的水边也非常适合观鸟。这里虽然离我家很远，但是鸟的种类和数量多，所以我也常去。这里有雕鸮、短耳鸮、凤头蜂鹰、西伯利亚银鸥、鸿雁、东亚石䳭、普通鸬鹚、白胸苦恶鸟、夜鹭、池鹭、白鹭、中白鹭、苍鹭、普通秋沙鸭、赤麻鸭、翘鼻麻鸭、鹊鸭、普通秧鸡、西方秧鸡、红脚鹬以及数不胜数的其他水鸟。有一次，我竟然在这里看到了卷羽鹈鹕，它在天空中发出巨大的叫声，像打嗝一样，真是令人难忘。

### 2. 野鸭湖国家湿地公园和官厅水库

野鸭湖国家湿地公园位于延庆区，紧邻河北省怀来县的官厅水库。无论是野鸭湖还是附近的官厅水库，都是鸟人们每年必来之地。野鸭湖的鸟种非常丰富，比较有特色的有遗鸥、普通燕鸥、金眶鸻、凤头麦鸡、草地鹨、黄腹鹨、灰斑鸠、白尾鹞、鹗、普通鵟等。官厅水库的生态环境更好，能看到短耳鸮、纵纹腹小鸮、灰鹤、猎隼、黑脸琵鹭、大天鹅等。野鸭湖国家湿地公园离城区较远，公园面积比较大，逛起来比较辛苦，可以自备一些干粮。官厅水库则需有熟悉路线的鸟友引领，推荐自驾前往。

### 3. 琉璃河湿地公园

琉璃河湿地公园位于房山区，也是近年才开发出来的观鸟地。这里游人较少，自然环境很好，可以看到白鹡鸰、长嘴剑鸻、白腰草鹬、西方秧鸡、绿头鸭、赤嘴潜鸭、斑嘴鸭、震旦鸦雀、文须雀、苇鳽、雀鹰等。

### 4. 十渡风景区

大名鼎鼎的十渡风景区也是非常棒的观鸟地。从一、二渡开始就能看到猛禽在拔地而起的悬崖上空盘旋，四渡到六渡经常可以看到普通翠鸟、冠鱼狗、灰鹡鸰、红尾水鸲、黄喉鹀、棕头鸦雀，注意看的话，悬崖上还有岩松鼠和扎堆筑巢的苍鹭，十渡有纯正野生血脉的鸳鸯和绿头鸭，跟城里的气质完全不一样。这里的“明星”鸟种有白顶溪鸲、红翅旋壁雀和黑鹳。一渡到十八渡都属于北京地界，再往后走就是河北的野三坡，一路都有惊喜。

除了上面这些观鸟地，通州大运河森林公园、温榆河湿地公园、东郊森林湿地公园、白河峡谷、沿河城、大宁水库、园博园、十三陵水库、密云水库、松山国家级自然保护区、妙峰山等都是鸟人常去的观鸟胜地。

观鸟其实是可以随时随地进行的。无论我们在哪里，周围都有很多观鸟胜地等待我们去发现。

以前，我经常送孩子上篮球课，发现篮球场附近的北京教学植物园有鸟。北京教学植物园通常不对外开放。我们就在园子外观鸟。园外的一条路大概200米长，我们每次都要花一小时，慢慢走，边看边走，来回走，总有新的发现，还多次目击过小太平鸟。

我经常和家人去西郊的天开自然农场和营地玩，在那里发现了理氏鹨、黑卷尾、山噪鹛、石鸡、黑鹳等不常见的鸟。通过架设的红外相机，我还发现了环颈雉、托氏兔和狗獾的踪迹。最厉害的鸟种要数被沙尘暴吹来的小鸟——穗䳭，历史上它们在北京也仅被发现过几次。

只要经常出门观察，勤快一点，好运总会眷顾我们的。

# 观鸟装备

观鸟活动多在春、秋、冬季的户外进行。如果在城市内观鸟，穿日常的服装即可。如果在郊区和野外观鸟，对服装的要求就更高一些，应尽量避免穿颜色明亮、鲜艳的服装，避免惊吓到鸟类。可以考虑穿防风、保暖的户外服装。

推荐观鸟时戴上渔夫帽，能够遮阳、防晒

另外，推荐观鸟时戴上渔夫帽，四周有帽檐，遮阳、防晒效果更佳，还可以系上绳子，防止风吹走帽子，比普通鸭舌帽更适合观鸟。如果渔夫帽的面料是防水、透气的就更好了。

一双适合徒步的户外鞋也很重要。一是因为观鸟时走路会比较多，随便走走也能达到8000步以上。如果在野外观鸟，大多数道路都不太平整，偶尔还有泥泞，穿一双舒适、适合走路的鞋就非常重要了。鞋子如果是高帮的（脚不容易崴），又具备防水、透气功能就更好了。

夏季或进入山区观鸟时一定要穿长裤，防止荆棘划伤。可以备一些防蚊液或清凉油，防蚊虫叮咬。

可以用保温杯带上足够的水，再带少量零食，如牛肉干、巧克力之类的便携又能快速补充体力的食品。

## 鸟类图鉴和其他有关书籍

鸟类图鉴对于观鸟者来说是必不可少的工具。无论你是初涉观鸟的新人，还是有数年经验的老手，都可以从鸟类图鉴中获取有用的信息。

鸟类图鉴通常会介绍每一种鸟的中英文名、学名（拉丁文名）、俗名、保护级别、科属，并有图片及体长、翼展、雌、雄、亚成体、幼体、飞行、站立状态、生境、习性、分布、鸟声等信息。

观鸟刚入门的时候，我经常翻图鉴，但是看不太懂，因为图鉴和普通的书籍是不一样的。下面就分享一下通常我查阅图鉴的两种方式。

1. 根据鸟类的中英文名称来查阅

鸟类的中文名索引和英文名索引通常在图鉴的最后（参考文献之前），是根据鸟名的汉语拼音和英文字母的顺序排列，而不是根据页码顺序排列的。查阅的时候需要适应这一点。

但当我们不知道要查阅的鸟叫什么名字的时候，就不知道从哪里下手了，这时我们可以采取第二种方法。

2. 翻图鉴

鸟类图鉴常常厚达几百页，我经常会找不到想要查找的鸟在哪一页。这时，我就会翻一遍整本图鉴，看想查找的鸟像图鉴里的哪一类鸟，再从这类鸟里查找。翻图鉴可以帮助我们了解各种鸟所属的目、科和具体形态，头脑里有了这些抽象的概念之后，查找起来就会更容易。

我看过，并且认为比较好的鸟类图鉴和其他有关书籍有以下几本，供大家参考。

《常见野鸟图鉴：北京地区》是我观鸟入门时带出去最多、最喜欢的一本书。它非常小巧，页数不多，很容易查阅。这本书虽然是北京的常见鸟类图鉴，但其中的很多鸟在国内大部分城市（华南地区除外）都能见到。

除此之外，还可参考《中国香港及华南鸟类野外手册》和《东亚鸟类野外手册》。

《常见野鸟图鉴：北京地区》涵盖大部分城市常见鸟类，适合刚入门的观鸟者，便于携带

《中国鸟类观察手册》是我们中国人自己创作的第一本涵盖中国所有鸟类的图鉴，由十几位编辑和 20 多位插画师用数年时间完成。本书涵盖了中国 1400 多种鸟类的介绍及 800 多种鸟类的鸣声，对鸟类的中英文名、拉丁文名、目、科、属、长度、生境、习性、分布、鸣声、识别特征、濒危级别等信息都有介绍。厚厚的一本 600 多页，比较适合放在家里查阅。

*Collins BIRD GUIDE* 是一本由英国 Collins 出版社出版发行的野外鸟类图鉴，涵盖了英国及欧洲的所有鸟类。我认为这本是画得最棒的鸟类图鉴。书里的插图不仅画出了鸟的不同生长阶段、飞行状态，而且给每种鸟都配了生境图，排版设计也特别美观。因为是野外鸟类图鉴，所以书的开本很小，很便携。唯一的小遗憾是图片不够大。

《中国鸟类观察手册》专业性更强，涵盖全国 1400 多种鸟类，适合在家翻阅

*Collins BIRD GUIDE* 插图优美，排版设计非常棒

《鸟类行为图鉴》由英国观鸟大师多米尼克·卡曾斯编写。本书主要以图画和简短文字的形式准确地传达了各种鸟类的栖息地及常见行为的信息，对我们观察和理解鸟类的行为有很大的帮助。

本书收录的鸟类涵盖在欧洲东部地区和俄罗斯的欧洲部分繁殖的鸟类，以及大多数常见的迁徙鸟类。当然了，本书提及的鸟类大多数在中国也有分布。

《鸟类行为图鉴》阅读轻松，查阅方便

《噢！原来如此有趣的鸟类学》是一本由中国台湾城邦出版社旗下的居家生活品牌麦浩斯出版的鸟类书籍。鸟类学的知识学习起来往往有些门槛，不容易理解，但是这本书却以轻松的形式给大家呈现了原本枯燥的知识，精简的文字配合可爱的漫画，简直太棒了！

《噢！原来如此有趣的鸟类学》图文并茂，介绍了生动有趣的鸟类相关知识

《鸟类绘画的第一堂课》由美国自然学家约翰·缪尔·劳斯编写，包含了作者数十年的鸟类观察和绘画技巧，从基础的鸟类动态到身体结构、素描、色彩、写生都有所介绍，是一本难得的好书。这本书有多个版本，个人更推荐繁体中文版，开本比较大，图片清晰，学习起来很方便。

《鸟类绘画的第一堂课》
是一本关于鸟类绘画及鸟类自然笔记的非常好的书

鸟类 App/ 微信小程序

懂鸟是我用得比较多的鸟类识别工具，既有App，也有微信小程序。微信小程序更好用，好像是观鸟爱好者开发的，可以识别全球 11088 种鸟类。用户可以通过“相机识别”“相册识别”“群图片”“听鸟辨音”“浏览搜索”等方式查找鸟类的详细信息。我最常用的是“相册识别”功能和“浏览搜索”功能。但微信小程序做得再好也不是万能的，也有认错的可能，像鸥类、猛禽幼鸟，还有一些变异的鸟类个体就不太好认了。如果你拍的鸟类图片足够清晰且无杂乱背景和不常见的姿态角度，懂鸟微信小程序的识别度就会比较高。

懂鸟 App/ 微信小程序

## 鸟类图鉴中常见英文释义

chick. —— 雏鸟

juv —— 幼鸟

subad. —— 亚成鸟

imm. —— 未成年鸟

ad. —— 成熟鸟

br. —— 繁殖期

non-br —— 非繁殖期

M.（♂）—— 雄性

F.（♀）—— 雌性

blue phase —— 蓝色阶段

white phase —— 白色阶段

rufous morph —— 红褐色型

light morph —— 淡色型

dark morph —— 深色型

white morph —— 白色型

intermediate —— 中间型

brown morph —— 棕色型

fresh —— 新换羽

worn —— 磨损羽

1st year —— 第一年

1st winter —— 第一年冬羽

eclipse —— 蚀羽

summer —— 夏季羽毛

winter —— 冬季羽毛

L —— 体长

WS —— 翼展

# 观鸟设备

双筒望远镜

## 双筒望远镜

观鸟最需要的就是望远镜了。为什么是望远镜，我以前也不太明白。直到后来，我发现很多人看了我拍的鸟类照片，都会惊叹“哇，太好看了，为什么我没看见过”，而其中一些鸟类明明我们每天都可能见到。那时我才明白，很多人觉得没见过这些鸟的一个重要原因就是，我们可能从来没有看清楚过它们，所以就有看“这是麻雀，那也是麻雀”的错觉。而望远镜可以拉近我们和野生动物的距离，让我们观察得更仔细，把鸟看得更清楚。望远镜品种繁多，比较适合观鸟的是 8 ~ 10 倍的双筒望远镜。刚入门时可以选择性价比相对高一些的，比如博冠乐观 8 × 32。

单筒望远镜

有时候我们需要定点观察野生动物（如鸻鹬、雁鸭等水鸟），或者离野生动物太远，8 倍双筒望远镜也无法看清，就可以考虑购买一个倍数更大的单筒望远镜，搭配三脚架使用，让观察到的画面更稳定。可以考虑博冠惊鸿 20-60 × 80，或选择 30~70 倍的单筒望远镜。

单筒望远镜

### 照相机

通过照相机拍摄的照片，我们可以更方便地记录和看清楚拍到的鸟种。像一些鸟类的细微行为，比如戴胜吃了什么样的虫子，快速飞行的普通雨燕是什么模样，我们拿望远镜很难看清楚，拍摄就能让我们更好地观察到这些细节。

我们可以选择大变焦的数码相机，也可以选择单反和微单，焦段在300~600毫米是比较合适的。如果你对拍摄有较高的要求，还可以选择更专业的相机和定焦镜头，这样就能拥有更好的画质和更快的响应速度，不易错过精彩的画面。但更好的设备也会更沉重，需要结合自己的体力情况考虑是否购置。

照相机

# 使用设备时的注意事项

日常情况下，望远镜、三脚架、相机和镜头都不用去店里专门保养，使用的时候稍微注意一下就好。比如望远镜的镜片和镜头不要用手摸，脏了也不要用手擦，可以先吹掉灰尘，再用镜头纸擦拭干净。经常更换镜头，相机的 CMOS 传感器很容易进灰，相机厂家有免费清洁的服务，也可以购买专门的清洁工具自己处理。日常设备不使用的时候放进包里，用过后拿软布清洁表面的灰尘就好。

尽量不要在恶劣环境中使用观鸟设备。

有一次我在奥森观鸟，突降暴雨，大家纷纷跑回去躲雨。我穿着防水的户外服装，背着机身有防水功能的照相机和望远镜正在观鸟，心想，那就来一次大雨中的观鸟吧，考验考验自己的意志和设备的防水程度。

我大概在雨里待了一小时。回家后，相机电池接触点已经失效了。晾了两天，相机才终于恢复正常。由此我得出结论：千万不要高估所谓的防水功能，它们通常只能防一些泼溅的水而已，并不能在雨天长时间使用。望远镜好一些，没进水，只是镜片上凝结了少量的雾气。但内部没有充氮气的望远镜是很容易进水的。相机镜头也是这样，不可避免地会因为室内外温度变化而形成水珠。我们把设备从低温环境带入高温环境后，不要马上从包中拿出来，要让它们逐渐适应温度的变化后再取出。

还有一次，我去沙漠露营，带着望远镜，很少用，回来却发现旋转镜筒的时候有沙沙的声音，应该是里面进沙子了。沙漠的沙子特别细，无孔不入。所以我们在不是必须使用设备的时候还是把它们放到包里更安全。

# 亲子观鸟与旅行观鸟

*The Bird Friends Around Us: Bird Journal*

## 亲子观鸟

观鸟入门很简单，带上望远镜走出家门就会有所发现。只要家里有一扇窗，哪怕你不走出家门，只要坚持观察窗外，也会有所发现。我们身边每天都在发生有趣的事情，只是我们常常忽略了生活中的那一扇窗。

我的本职工作是画画和教画画。我觉得观鸟和画画一样，都需要花一些时间，让自己放慢脚步，真正静下来，去体验探索和发现的过程。勤快一些，就一定会有更多的发现和收获。

如果家长想让孩子学习画画和观鸟，我的建议是家长和孩子一起画画，一起观鸟，一起走到户外，去探索和发现，一起学习全新的知识。

儿子第一次观鸟是在他 6 岁那年深秋。那次，我们全家报了口袋精灵机构的团，跟着风子老师去野鸭湖国家湿地公园观鸟。我们走了很远的路，中午在外面野餐，除了看鸟之外，还做了一些户外游戏，直到天黑才回到家。回家的路上，风子老师考小朋友们一些白天观鸟的知识点，儿子答对了不少，还幸运地获得了一些小礼品。

观鸟中的妻子和儿子

趁着热乎劲儿，我和儿子回家后一起做了自然笔记，用笔记录了当天看到的鸟。很多鸟名我们都不会写，就一起翻看凤子老师发的北京市野生动物救护中心印制的“北京常见鸟类”宣传单，一起学习。那真是充实的一天！

很多朋友看到我经常观鸟和带孩子观鸟，觉得这样的生活方式很健康，也想让孩子尝试一下。我的建议是，家长带孩子观鸟，最好先跟着自然机构的老师一起去几次。有好的老师带着观鸟是非常棒的体验。老师不仅会告诉你们各种鸟的名称，还会讲解一些鸟类知识，帮助你们快速入门。在毫无准备的情况下自己观鸟，门槛太高，可能出了门都不知道去什么地方找鸟，即使去对了地方，也不见得找得到鸟，很容易觉得观鸟无聊，会有挫败感。所以一开始在老师的帮助下学习正确的观察方法和观鸟概念是非常重要的。等你们参加了数次观鸟活动，也差不多熟悉了所在城市的观鸟点，就可以自己去探索了。

跟孩子（这里指 5 ~ 12 岁的孩子）一起观鸟需要注意的是，这个年龄阶段的孩子好奇心强，对外界的一切都很感兴趣，但是注意力往往很难集中，体力也有限，所以要尽量选择在城区或郊区交通便利的地方，参加一些对体力要求不高的活动。

观鸟结束后，可以和孩子一起查阅相关的图鉴，学习更多鸟类知识和一些鸟名中的生僻字。如果能做观鸟笔记，给当天的观鸟经历做个总结就更好了。还可以试着画出当天见到的鸟类。不过一般情况下，观鸟结束后就没有多少体力和精力做这些了。如果孩子有兴趣，第二天或者以后有机会再做观鸟笔记也是可以的。

另外，我还想单独讲一下城市里的动物园。动物园是观鸟的绝佳场所，比如北京动物园的水禽湖，常年有很多鸟类在这里生活，我们可以近距离观察到很多雁鸭类、鸦科以及上百只夜鹭的热闹景象。动物园的基础设施充足，鸟又多，也是带孩子观鸟的好去处。

## 旅行观鸟

如果足够勤快，可能花一两年时间你就能把所在城市的大部分鸟看全了。觉得还不过瘾的话，你也可以尝试一下旅行观鸟。

我旅行观鸟大概有两种方式。

一是报观鸟团。观鸟团有常年在野外观鸟的老师

我在新疆阿勒泰写生，一只黑耳鸢正好飞过

带队，遇见很多珍稀鸟类的概率会成倍增加，还能和来自五湖四海、志同道合的鸟友互相交流学习。这是非常好的学习机会，也是十分有效率的观鸟方式。

二是自由行。如果对目的地和观鸟点不是特别熟悉，又没有当地的鸟导带领，就不建议专程自由行去观鸟了，因为你很可能根本找不到目标观鸟点。自由行观鸟最可行的目的地是自己熟悉的地方。比如我每年都会回湖北老家探亲几天，这也成了我的观鸟旅行。每次回老家，我都会顺带把小时候待过的地方重新探索一遍，总会有新的发现。另外，每年带孩子去海边过暑假，我都会带着观鸟装备每天去湖边看看。通过每年十几天的持续观察，我对鸻鹬、部分海鸟和海洋生物都有了更多的认识。我们也可以在旅游时带上望远镜，顺便观鸟。

## 与观鸟相关的电影和桌游

给大家推荐一部关于观鸟的电影《观鸟大年》（*The Big Year*），讲的是3个社会身份不同的观鸟者的故事，他们都想拿到本年度的鸟种观测冠军。最后，3个狂热的鸟人经历了一年的观鸟竞赛，也找到了适合自己的生活方式。

《展翅翱翔》（*Wingspan*）是一款关于鸟类知识的桌游，我在2020年年初购买。这款桌游让我们全家学到了很多鸟类知识，也帮助我们打发了很多时间。这款桌游适合3～5人一起玩，可以从中学习到各种鸟种及其栖息地、食物、繁殖和生存技能之间的关系。目前其推出了基础包（北美洲鸟类）和欧洲、大洋洲、亚洲鸟类扩展包。大家可以买个基础包试一试。

电影《观鸟大年》（*The Big Year*）

桌游《展翅翱翔》（*Wingspan*）

# 如何做自然笔记

我最早听到“自然笔记”这个词大概是在2012年，当时我买了一本美国作家写的书《笔记大自然》，作者做的自然笔记简洁、轻松、多样化，这种形式深深吸引了我。

自然笔记，简单说就是通过文字和插图记录我们在自然里的观察、认识、体会、感想，是一种探索自然、融入自然的途径。自然笔记的形式不限，跟每个人的兴趣、背景和学识有关。有人喜欢用诗和散文表现，有人喜欢用素描或色彩来雕琢，有人喜欢用照片和录音记录，还有人喜欢精确的科学速记。无论你喜欢哪一种形式，都可以单独运用或者把各种方法结合起来运用。

那时候，我很喜欢画手绘日记，看画展和旅行后都会做记录。欧美人管这种形式叫journal，日本人把它纳入手账的范畴。观鸟以后，我就把这个技能用来做自然笔记了。

自然笔记的范畴比较广，可以写的内容非常丰富，形式也是多种多样的，并没有一个固定的表现模板。你可以用文字记录季节、天气、气温、时间、地点等信息，当天观察到的动植物状态、大小、色调、质感、味道、变化，甚至你的心情和感想都可以作为自然笔记的内容。

2018年在日本东京看画展的手绘日记

2018年在法国莫奈故居吉维尼旅行的手绘日记

当然，也可以用图画来做自然笔记。图画的形式多种多样，可以用针管笔、铅笔直接勾勒，也可以用彩铅、水彩、丙烯画等形式，甚至可以把照片打印出来、剪下当天的报纸。除此之外，还可以利用自然收集物制作自然笔记，所有你能想得到的方式和工具都可以让自然笔记更加丰富和精彩。

当然了，上面介绍的都是一些比较常规的做法。艺术没有局限性，你完全可以随意发挥。即使毫无美术基础也不用担心别人说你做的自然笔记不好看。以前经常有学生和朋友善意地提醒我“你的字该练练了”，但我觉得好看不好看是别人的看法，我写字并不是为了展示给别人看。我有自己的想法，而且并不认为自己需要练字。我们感到困惑或者无从下笔的时候，可以想一想“自然笔记是为自己而做的，不是为别人服务的”。当你开始遵循自己的内心，你便获得了最大限度的自由。

2021 年在青海玉树大猫谷做的水彩画自然笔记，用小贴纸做装饰

在马赛自然历史博物馆写生的自然笔记。用灌有防水墨水的钢笔画速写，又结合水彩来表现色调和细节，再贴上随身打印的照片，就让画面更丰富了

## 自然笔记的标题、文字与排版

如果你打算给自然笔记起个标题，可以着重设计一下标题的字体。符合画面结构的字体会让画面形成一个整体，更生动有趣。通过这个过程，我们也可以学习一下字体的结构和形态。标题的字体可以参考手机、计算机里的字体，也可以自己随意设计。

关于排版，最简单的方式是把内容分区并归类，让版面饱满。另外，尽量保持版面的整齐，比如文字尽量排列整齐，把大面积空白的地方填满。

大理苍山的自然收集物，特意设计了自然笔记的标题

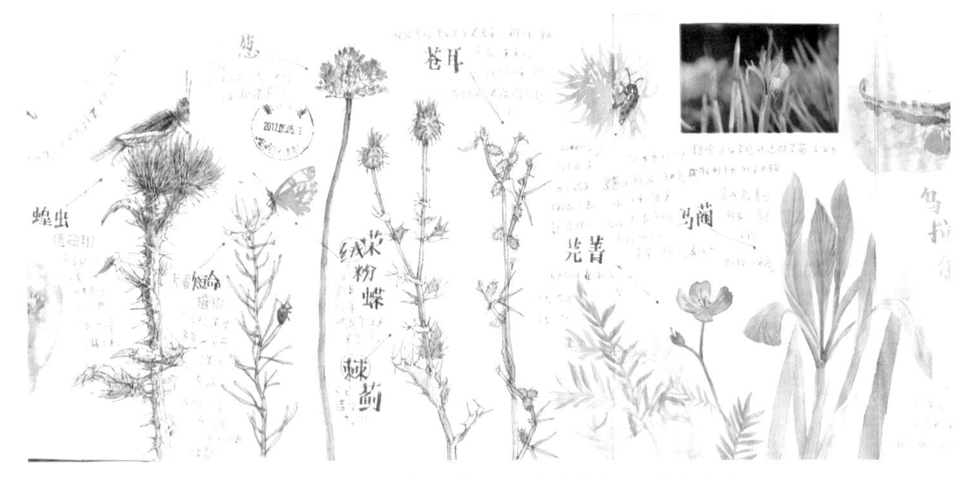


2017 年在新疆的自然笔记，用文字填充画面的空白处

## 我的鸟类自然笔记

做自然笔记应尽可能在现场直接观察、写生。做鸟类自然笔记也是如此。观鸟时借助单筒望远镜来观察鸟类，现场写生，回家后再补一些文字。用双筒望远镜观察其实也可以，我通常一只手持望远镜，一只手画画，但因为稳定性和视角的限制，这样操作起来难度会大一点，习惯了以后就好多了。

我在北京龙潭公园利用双筒望远镜和肉眼观察写生

在户外观鸟并做自然笔记是一件比较困难的事，对于初学者来说就更难了。一方面是器材使用起来较不便，另一方面是鸟会一直动，很少停顿。所以我经常会给一只鸟画几幅不同角度的画，鸟变到这个角度就画这幅，变到另一个角度就画另外一幅，

有的时候画着画着鸟就飞走了。

鸟类写生非常锻炼人的反应能力和记忆力。我们在开始写生前需要多花一些时间，慢慢静下心来，什么都不要去想，而应该认真专注地观察鸟，并努力把它们的样子记录在纸上。相信你一定会在每次写生中有所收获。

除了自然笔记中的鸟类写生之外，我其他大部分的鸟类绘画作品都是在室内参考自己拍的照片完成的；如果没有拍到合适的照片，也会通过网络搜集一些相关鸟类的图片做参考。初学者常常觉得写生无从下手，这时候就建议大家先照着鸟类图片来画，但需要考虑版权问题。如果画作不做商业用途，照着网络上的素材作画是不侵权的。

不管是学画别的，还是学画鸟，其实都差不太多。刚开始要培养对整体的观察能力。什么叫“整体”呢？就是先从整体观察绘画对象，比如观察一只鸟的大体形状，然后把这些形状概括出来，保持整体的协调。然后观察局部，观察局部的同时顾及整体。

下面我就以画麻雀为例子来简单说明一下。

## 一支 HB 铅笔就可以开展的自然笔记——麻雀

（1）整体地观察麻雀的形状，把它简单地概括成两个球形，头部是一个小球，身体是一个大球。用直线画出眼睛和喙、头部和身体、尾羽之间的相对角度。通常一条线是画不准确的，可以轻一点使用多条线来确定。

（2）刻画麻雀的大致形状。用线概括出麻雀身体的大致形状、眼睛、喙及其之间的关系，明确飞羽、尾羽、跗跖和爪等较大块面的位置。

（3）处理羽毛之间的层次与叠加关系。把麻雀身体上的黑白灰色调区域区分开。如果不铺色调，画到这个程度就可以了。

（4）铺色调。给麻雀身体各部分均匀叠加上浅浅的一层淡色，让整体的色调区分开。色调重的地方可以多叠加两次，或者画得用力一点。注意麻雀身体的边缘部分不要画得太深。重色保留在麻雀重点的区域，比如面部和翅膀。

（5）根据光的来源，处理明暗关系。继续深入处理各部分细节，配上环境和投影。

（6）给这张画配上一些文字。文字笔记可以是自己查找到的资料，也可以是自己的观察和理解，甚至还可以是一些疑问。即使有错误也没有关系，先保留下来，或许将来有一天学习到了新的知识，就可以改正。不光我们普通人，即使是科学家总结出来的结论也未必都是绝对准确的，随着人们对自然的探索，认知也是一直在更新的。

## 我做自然笔记的常用工具

我比较喜欢用铅笔、针管笔和水彩来做自然笔记。下面是我经常使用的工具，供大家参考。

水彩本：尺寸一般是A5的，方便携带。如果不画水彩也可以用普通速写本。用夹子固定纸张，这样画的时候更舒适。

水彩颜料：一般是固体的小盒颜料，颜色不一定要有很多，够用就好。温莎牛顿12色旅行水彩套装有学生级和艺术家级可选，其小配件使用起来也很方便。

自来水水彩笔：灌入自来水后，画的过程中只需要挤压笔身就可以清洁笔，很方便。

当然上色工具也可以用彩铅、水彩笔等。

我会带上铅笔、针管笔、橡皮，还有抹布，用来控制画笔上的水分。

当然，也可以携带更多画材工具，如水彩、彩铅等。

另外，尺子、胶棒、小剪刀、创可贴、小型照片打印机都会让你出门后有更多事可做，更安心。

如果想更轻松地出行，使用简单的工具——一支0.3毫米的针管笔、一个本子——就足够了。注意，针管笔画到纸上后无法修改。很多初学画画的同学总是希望现实生活中可以有Photoshop里的“Ctrl+Z”（退一步）功能。但有时候将错就错，可能会发生更有趣的事。热爱，你就大胆去做吧！

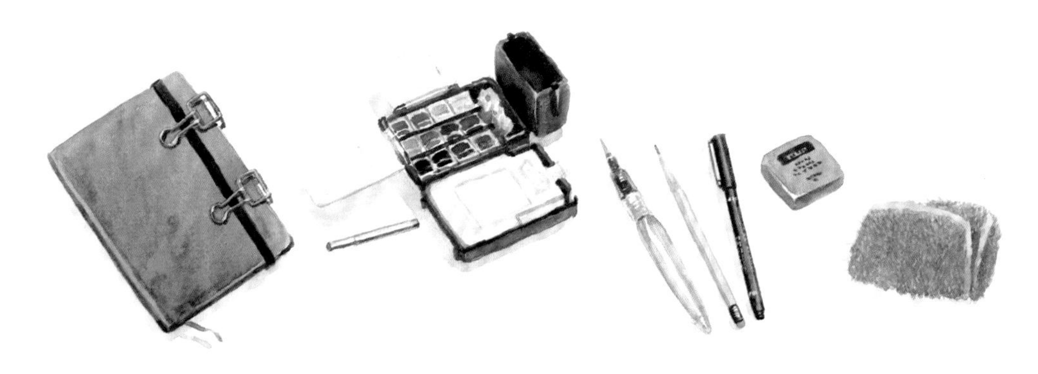

便携的绘画工具（从左到右）：水彩本（附夹子）、便携水彩套装、自来水水彩笔、铅笔、0.3毫米/0.5毫米针管笔、橡皮、抹布（也可以用旧袜子替代）

## 推荐给小朋友的自然笔记工具

小朋友可以选择文字结合手绘插图的方式来做自然笔记，并在插图旁边标注动物的名字和相关的观察信息。

对于小朋友来说，水彩笔和彩铅比较容易控制，蜡笔、油画棒之类的能画出色调丰富且风格粗犷的画的工具也很好。想更简单一点，就用针管笔和铅笔。需要注意的是尽可能为孩子选择带有 AP 标识的颜料（包含彩铅、水彩笔、蜡笔、油画棒）和对环境、人体安全的画材。

至于纸张的选择，如果不是画水彩，用普通素描纸组成的速写本即可。但一定注意尽量不要让孩子使用复印纸画画。复印纸含有荧光剂，对孩子的视力和身体健康都会有影响，尽可能选择无酸纸。

下面是我儿子记录的救助灰喜鹊的自然笔记，仅供大家参考。他有很多字不认识，有的我会教他写，很多时候他就用拼音记录，也没问题。记录的形式其实没那么重要，重要的是我们在随时记录自己的观察。

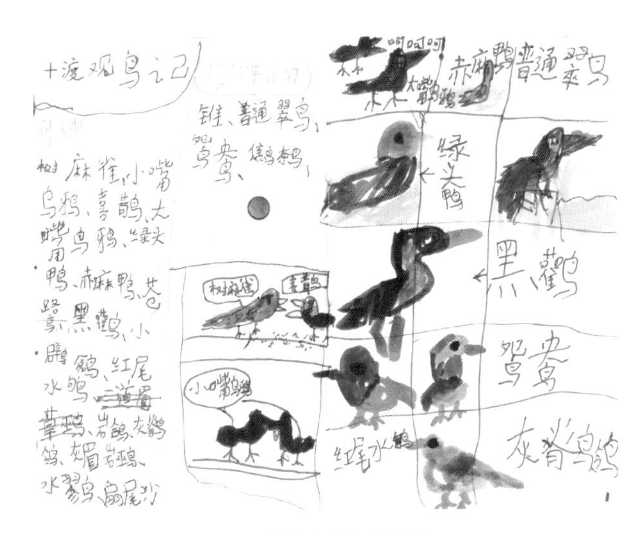

儿子做的鸟类自然笔记

栗子小朋友的鸟类自然笔记

## 我们和灰喜鹊的故事

4月的一个下午，我和爸爸摆好羽毛球架，准备打球。

院子里的解放军叔叔抱着一只受伤的小鸟走了过来。这不是灰喜鹊吗?

解放军叔叔说:“这只小鸟是我刚从门口捡回来的。它的翅膀受伤了，飞不了了，难道是被弹弓打伤了？”

爸爸从解放军叔叔手里接过灰喜鹊。灰喜鹊的翅膀还在流血，把爸爸急坏了。爸爸赶紧给他的朋友们打电话、发微信求助。

我们给它喂了一些水，把它放在纸盒里。据说这样做可以减少它的恐惧。

我们骑车，带着受伤的灰喜鹊回家了。

爸爸买了生理盐水、金霉素眼膏、创可贴等。第一次给小动物治疗，爸爸好像很紧张。还好有我在旁边给爸爸递药。

爸爸小心地给它擦洗伤口，敷上药膏，贴创可贴。灰喜鹊在流血，我都不忍心看。

于是，灰喜鹊就有了缠着创可贴的翅膀。它好像还是高兴不起来。

爸爸把肉切碎，给灰喜鹊吃。

第二天，我们打开纸盒，发现小家伙竟然把肉都吃光了。上午，阳台晒得到太阳的时候，爸爸让它出来放放风。它出来玩了以后竟然耍赖，不想回纸盒里去。

第三天，爸爸替灰喜鹊更换了新的纱布。经常换药的好处是可以帮助伤口快速愈合。

今天，灰喜鹊出来玩，尾巴上的毛掉了一根。

爸爸打电话给他的朋友，探讨下一步该怎么帮助灰喜鹊。他们得出的结论是，要么去宠物医院给它看病，然后一直把它养在家，要么就送它去北京市野生动物救护中心。

爸爸说，小鸟是属于大自然的，它有自己的小伙伴，北京市野生动物救护中心的叔叔阿姨会照料好它。眼泪在我的眼里打转。我真的好舍不得灰喜鹊。

我们终于快要送走灰喜鹊了。上午，爸爸让它出来晒太阳。我们坐在地上写生。我们多希望可以多陪它一会儿啊！

下午，我们开车把灰喜鹊送到了北京市野生动物救护中心。那里的叔叔看了下灰喜鹊的伤口，并做了详细的记录。他告诉我们，灰喜鹊调养一段时间，应该是可以放飞的。

这下我们就放心了。虽然有些失落，但想到灰喜鹊很快就可以自由地飞翔，我们又好兴奋。

# 本书中出现的鸟类名称中的生僻字

| 鸫 | dōng |
|---|---|
| 鸲 | qú |
| 鹎 | bēi |
| 鹀 | wú |
| 胁 | xié |
| 椋 | liáng |
| 鸠 | jiū |
| 鸨 | bǎo |
| 鹳 | guàn |
| 鹣 | jiān |
| 鸻 | héng |
| 鹬 | yù |
| 杓 | sháo |
| 鸱 | chī |

| 鸮 | xiāo |
|---|---|
| 𫛭 | kuáng |
| 鸢 | yuān |
| 鹗 | è |
| 鹞 | yào |
| 鹫 | jiù |
| 隼 | sǔn |
| 鸺鹠 | xiū liú |
| 鸬鹚 | lú cí |
| 鸳鸯 | yuān yāng |
| 鹡鸰 | jí líng |
| 䴙䴘 | pì tī |
| 鹪鹩 | jiāo liáo |
| 鹈鹕 | tí hú |

# 参考文献

[1] 张瑜，徐亮 . 北京自然观察手册：鸟类［M］. 北京：北京出版社，2021.

[2] 自然之友野鸟会 . 常见野鸟图鉴：北京地区［M］. 北京：机械工业出版社，2014.

[3] 郑光美 . 鸟类学［M］. 2 版 . 北京：北京师范大学出版社，2020.

[4] 刘阳，陈水华 . 中国鸟类观察手册［M］. 长沙：湖南科学技术出版社，2021.

[5] 马敬能 . 中国鸟类野外手册：马敬能新编版［M］. 李一凡，译 . 北京：商务印书馆，2022.

[6] 布拉齐尔 . 东亚鸟类野外手册［M］. 朱磊，何鑫，雷维蟠，等译 . 北京：北京大学出版社，2020.

[7] 章麟，张明 . 中国鸟类图鉴（鸻鹬版）［M］. 福州：海峡书局，2018.

[8] 卡曾斯 . 鸟类行为图鉴［M］. 何鑫，程翊欣，译 . 长沙：湖南科学技术出版社，2020.

[9] 赤勘兵卫 . 野鸟形态图鉴［M］. 赵天，译 . 杭州：浙江教育出版社，2019.

[10] 西布利 . 西布利观鸟指南［M］. 叶元兴，王利刚，译 . 北京：北京大学出版社，2021.

[11] 埃里克森 . "鸟人" 应该知道的鸟问题［M］. 杨萌，吴倩，译 . 北京：北京大学出版社，2020.

[12] 霍尔顿 . 飞羽精灵：鸟类的隐秘世界［M］. 曾晨，译 . 北京：清华大学出版社，2020.

[13] 威尔逊 . 生命的未来［M］. 杨玉龄，译 . 北京：中信出版社，2021.

[14] 蔡锦文 . 鸟巢：破解鸟类千奇百怪的建筑工法［M］. 台北：商周出版，2018.

[15] 陈湘静，林大利 . 噢！原来如此有趣的鸟类学［M］. 台北：城邦 - 麦浩斯，2020.

[16] 柏克海德 . 鸟的感官：当一只鸟是什么感觉［M］. 严丽娟，译 . 全新增修版台北：猫头鹰出版社，2018.

[17] 川上和人，三上可都良，川岛隆义，等 . 和路边的野鸟做朋友［M］. 陈幼雯，译 . 台北：漫游者文化事业股份有限公司，2020.

[18] 劳斯 . 鸟类绘画的第一堂课：美国自然学家约翰劳斯赏鸟与画鸟指南［M］. 江匀楷，译 . 台北：商周出版，2022.

[19] SIBLEY D A. What It's Like to Be a Bird［M］. New York：Knof，2020.

[20] SVENSSON L，MULLARNEY K，ZET. Collins Bird Guide：The Most Complete Guide to the Birds of Britain and Europe［M］. New York：Harpercollins Publishers，1999.

[21] HUME R. Bird Watching for Beginners［M］. London：Dorling Kindersley Limited，2003.

[22] 亚当斯，卡沃丁 . 消逝世界漫游指南［M］. 姬茜茹，译 . 北京：北京联合出版公司，2020.

# 后记与致谢

写这本书前前后后花了 3 年的时间。这本书有近 8 万字，近 200 幅插图。我翻阅了很多和鸟类相关的书，上网查找资料，请教专家，去户外观察。一个搞画画的家伙却跑来写鸟类观察笔记，甚至搞科普，这个门槛的确是有点高。

刚开始写两篇还能勉强撑着，慢慢地就写不下去了，太难了。多次想打退堂鼓，多亏编辑和爱人一路鼓励，我才坚持下来。

稿子虽然一改再改，但书中可能难免还有疏漏，还请大家多多谅解和指正。即使有些当下看起来没问题的表述，以后也可能有问题。因为我们认知的事物一直在发生变化，随着人们的探索和实践，真相不断地浮出水面，又不断地被推翻。谁能想到 60 年前我们还在“除四害”，如今又要努力去保护野生动物。

在这个前所未有的急速发展的时代，知识不断地更新。大脑也需要更新一些认知，才能帮助我们更好地生活和认知自然。在大自然面前，我们永远都是孩子，要学的东西太多了！

不管怎么样，这本书的内容都是我在想的，我想说的，我看到的，我听到的，我感受到的，我们身边正在切切实实发生着的事。有爱，有恨，有精彩和喜悦，也有无奈和愤怒，我只是想把这些分享给你们。

我在踏上观鸟之旅和写作这本书的过程中，许多人给予了我帮助，首先要感谢我的家庭成员：妈妈赞助了我相机和镜头，岳母和太太每天辛苦操劳家务，让我能全身心地投入这本书的创作。太太给我很多空间，让我去做想做的事情。写这本书的大部分时间里，都是她在照顾孩子，还经常催促我不要拖拉，要按进度完成书稿。

感谢守护荒野平台，11 年的陪伴，让我从零基础观鸟者逐步成长为一名自然守护者。民间的自然保护机构很难，很难。我们的能力也非常有限。但生活在这片自己热爱的土地上，我们有使命去做一些对社会有意义的事情。小伙伴们的陪伴也让我更坚定了自己的目标。

感谢中国国家地理、山水自然保护中心、猫盟、中国观鸟会、武汉观鸟会、浙江自然博物馆和北京市野生动物救护中心，你们给了我很多机会学习、参与自然保护和宣传工作。感谢你们让更多的人有机会接触和了解我们身边正在发生的事，并努力一点点改善我们的环境。

还有很多朋友在我学习、成长的道路上和撰写这本书的过程中给了我很多支持：

守护荒野的丫总、邢睿、花蚀、扫把、闪雀、小人儿、小北、罗丹、岩蜥、甄珍、胡胡、地草莓；山水自然保护中心的李语秋、张琴、邸皓、宋悦心、凌云、兔厂长、李牧笛；猫盟的宋大昭、大好、猫主管、黑鹳、亚菲、Julie；北京市野生动物救护中心的史洋、奥丹；中国国家地理的张瑜、翁哲、郑秋炀；武汉观鸟会的颜军、苏策。

国内知名的鸟导和自然老师们：关翔宇、风子、李思琪、杨毅、蛐蛐、猫妖、藏花忍冬、李彬彬、高源、毛虫、陈默、Vian、weiye。支持我的学生和朋友们：王璇、小叶子、易宇、果茶、小紫、滕溪、王宇红、侯笑如、关雪燕、高景欣、李欣欣、春、李姝燕、夜下月、玉晓、南瓜、南极熊、夏日麼麼茶、王珊珊、田竹、田璐、林雨飞、王韵芳、喜庆、知白守黑、布丁、浪浪、卡斯丁多、虫虫手绘、绘心之人、李羽晴、馨莹、Cici、Violin、xiaoL、mmma。

还有过去10年来3000多位报名我的水彩课的学生和收藏我的画、给我的微信公众号打赏的朋友们，感谢你们对我和自然保护的支持。

还有特别负责的编辑郭桴、周挺，也特别感谢帮我审定书稿的朱磊老师。

最后感谢温莎牛顿和博冠公司对这本书的赞助和支持！

**图书在版编目（CIP）数据**

我们身边的小鸟朋友 ： 手绘观鸟笔记 / 丫丫鱼著、绘. -- 北京 ： 人民邮电出版社，2024. -- ISBN 978-7-115-64672-9

Ⅰ. Q959.7-49

中国国家版本馆 CIP 数据核字第 2024HW0081 号

## 内 容 提 要

自然艺术家、观鸟爱好者丫丫鱼在书中介绍了20余种自己观察过的印象深刻的小鸟，其中大多是华北地区的常见鸟。他讲述了观鸟时的趣事和思考，比如小鸟如何觅食、求偶、筑巢、育雏，普及了每种鸟的基本科学知识和观鸟小知识，还为这些萌萌的小生灵手绘了近200幅精美插图。丫丫鱼真诚地邀请大家走进大自然，欣赏和了解我们身边的小鸟朋友，保护这些为生存而努力的小生灵。

本书适合自然爱好者和艺术爱好者阅读，尤其适合鸟类爱好者、观鸟人士、自然观察爱好者，以及有自然观察学习任务的中小学生学习使用。

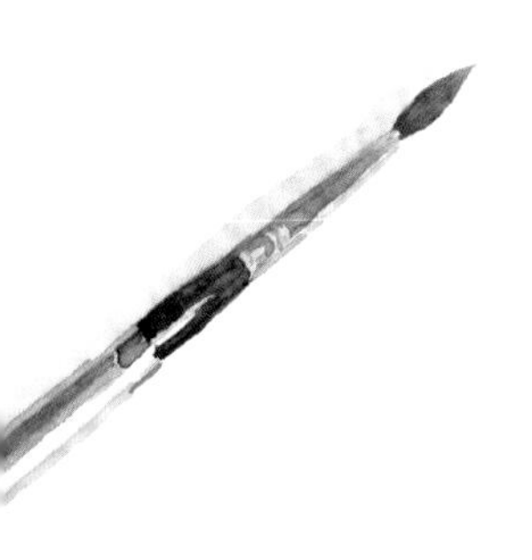

◆ 著 / 绘 丫丫鱼
责任编辑 王朝辉
责任印制 陈 犇
◆ 人民邮电出版社出版发行 北京市丰台区成寿寺路 11 号
邮编 100164 电子邮件 315@ptpress.com.cn
网址 https://www.ptpress.com.cn
鑫艺佳利（天津）印刷有限公司印刷
◆ 开本：880×1230 1/24
印张：9.5 2024 年 10 月第 1 版
字数：214 千字 2024 年 12 月天津第 2 次印刷

定价：69.80 元

读者服务热线：(010)81055410 印装质量热线：(010)81055316
反盗版热线：(010)81055315
广告经营许可证：京东市监广登字 20170147 号